鸟与兽的通俗生活

果壳 著
guokr.com

清华大学出版社
北京

内 容 简 介

本书为果壳网"自然控"主题站讲述的鸟与兽的故事。

鸟与兽和人类一起生活在这个地球上，不过我们对它们所知甚少。好在，很多博物学家通过研究为我们展示了它们的真实生活。它们也使出浑身解数来争取爱情，也奋力拼搏求生存，也因为环境变化而苦恼，也会被误会、被伤害——它们的故事可能会让你惊讶，也可能会让你开心。作为生活在同一个星球上的物种，我们都需要爱与自由。

图书在版编目（CIP）数据

鸟与兽的通俗生活/果壳 guokr.com 著. —北京：清华大学出版社，2012.9（2019.6 重印）
ISBN 978-7-302-29900-4

Ⅰ．①鸟…　Ⅱ．①果…　Ⅲ．①动物—普及读物　Ⅳ．①Q95-49

中国版本图书馆 CIP 数据核字（2012）第 199363 号

责任编辑：宋成斌　洪　英
装帧设计：apple　向晶晶
责任校对：王淑云
责任印制：李红英

出版发行：清华大学出版社
　　　　　网　　　址：http://www.tup.com.cn，http://www.wqbook.com
　　　　　地　　　址：北京清华大学学研大厦 A 座　　邮　　编：100084
　　　　　社 总 机：010-62770175　　邮　　购：010-62786544
　　　　　投稿与读者服务：010-62776969，c-service@tup.tsinghua.edu.cn
　　　　　质量反馈：010-62772015，zhiliang@tup.tsinghua.edu.cn
印　装　者：河北远涛彩色印刷有限公司
经　　销：全国新华书店
开　　本：148mm×210mm　　印　张：9.75　　字　　数：215 千字
版　　次：2012 年 9 月第 1 版　　印　　次：2019 年 6 月第 2 次印刷
定　　价：39.80 元

产品编号：047897-02

多识于鸟兽草木之名

作为一个科学传播工作者，我给朋友们带去的惊诧或许并非那些颠覆常识的知识，或者出人意料的细节，而是我的中文系专业出身。"文科生为什么要来搞'科普'"，这是我最常被问及的问题。

这个问题想久了，不免就总会绕到"多识于鸟兽草木之名"上去。这话是子曾经曰过的，当然是好话。对世界充满好奇心的人，从什么文本中都能抓取到有用的东西，读《诗经》碰到雎鸠、蝤蛴、白茅、飞蓬之类的名物，自然免不了多看两眼，暗暗记下来，更不用说《駉》里面十来种马的名目了。

自然世界是一本远比《诗经》大得多的书。好奇心同样驱使人探求每一种草木鸟兽与其他种类的不同，探求它们彼此之间的相互关系以及各自恰当的位置。作为一个好奇心过剩的人，或者说"知识收集癖者"，我也不会放过这么有趣的工作。

2006 年年底，七国科学家参与的"长江淡水豚类调查"基本确认白鱀豚功能性灭绝。在随后的报道过程中，我才第一次接触到"亚目"、"总科"这样的分类单元，才知道白鱀豚和江豚是相去甚远的两个物种。或许这就是新思路的开端，当时我正好又有大把的空闲时间，便全数投进了动物分类这个领域。后来又因为工作的关系开始密集接触瘦驼、刘旸、邢立达、外星兔这些专业人士——在这本书里，在果壳网，都能读到他们的文章。

从动物分类向前推进，我笨拙地踏进了博物的广阔领域。接下来，又以此为起点尝试着了解进化论和分子生物学，进而扩展到更多的领域。作为一个"知识收集癖"爱好者，我不会放过博物学的任何一个分支。虽然每一种都只是浅尝辄止，但已经足够让我用一种新的方式来理解这个世界了。

至少以个人经验而言，对自然鸟兽知识的了解和探究，是一种将普通人带入科学领域的有效方法。

说到自然鸟兽的知识，当然免不了让人想起"博物学"和"博物学家"。很多很多年前，在古代中国的士人中，也有一群"博物学家"，实际上，"博物学"这个词本身就来自晋人张华所著的《博物志》一书。在他们的著作中，时常能见到思维奔放、不拘小节乃至附会杜撰出来的内容。我曾经写过一本《想象中的动物》，书中对此进行了戏仿。比如对老虎血液一种奇特功效的描绘：

《抱朴子》提到了虎血的奇妙用处。在每年三月三日这一天，取白色老虎的皮毛、草鞋的鞋带、浮萍碾成粉末、用新鲜的虎血调和成丸。然后将这个丸子当成种子，种入地下。隔年就可以有收获。虎血种子每年生长出来的东西都不一样。让它连长七年，陆续收集这七种不同的种子，磨成细粉后用蛋液调和，敷在鼻子上，干后撕下，有去黑头的效果。

对称性、数字崇拜、仪式感、混乱列举、语焉不详的口气以及东方情调的臆想，勾兑成一种迷人的、抒情性的生活场景——虽然这样的经验与近现代意义上的博物学判若云泥，但它们之间依然可以抽取出某些相似的东西：对于日常生活来说，它们往往是无直接用处的，足以被视为"屠龙技"；它们同样轻快，节奏鲜明，适于充作谈资；当它们作为一种知识存在的时候，又都具有陈列的意义，在一定程度上可以用作炫耀。

2011 年夏天，法国纪录片《海洋》在国内公映。我感慨说看这个片子得配上"自然控"的"人肉评论音轨"，详细解说片中各种瑰丽生物和百态行为。但很快引来网友的反驳："没必要，片子的目的是要人们珍惜保护好大海，书呆子气的解读只会削弱这个主旨的传播。"

确实，自然本身的绚烂细节已经足够叫人惊喜，叫人击节赞叹了。但如果想要理解自然之美，进而保护好这些美，那么光靠惊喜和爱是远远不够的。这需要厘清每一个物种在生命序列中的位置，它们的习性与要求；需要从技术细节入手，理解这个纷繁芜杂的世界。

自然不是抒情性的。自然是生生不息的分裂，是细节与真相的堆积，是许多人无法直视的"血腥爪牙"。

自然的门虚掩着，你可以一边等待，一边欣赏巨大门环上的奇异纹理；你也可以推开门，走进去，看到更多有趣的东西。

徐来

果壳网主编

目录

chapter 1 不追求真爱的不是好鸟

chapter 2 安居乐业才是好日子

chapter **3** 做明星，亦我所欲也

chapter **4** 我是谁？

chapter 5 同一个地球上的生命要相爱

chapter 1

爱情

不追求真爱的不是好鸟

裸婚？
鸟都不鸟你

Tatsuya

　　不管在哪个世界，只要有两性，择偶就是一件天大的事！不过，择偶标准却一直都很多元，即使是鸟也不例外。有的鸟是典型的"外貌协会"成员；有的比较实际："婚房必有，豪宅更佳"；有的则以对方能否抚养后代为准绳……决定这些不同选择的，正是对优良基因的选择和亲代投资的博弈。如果你是在爱情路上奔忙的青年，就更应该来参考一下这些鸟的婚姻了！

正如不愿意裸婚的人一样，有些雌鸟会把雄性是否可以提供好的婚房作为选择配偶的依据。

位于澳大利亚和新几内亚地区的园丁鸟（包括园丁鸟和亭鸟）是鸦科鸟类的近亲，生活在雨林、桉树林或灌丛中。大多数园丁鸟的雄鸟都会在森林地面上清理出一个空间，用树枝编织一个特殊的"建筑"，并用蜗牛壳、花瓣、叶子、甲虫的鞘翅、鹦鹉鲜艳的羽毛甚至塑料片来装饰它们的"房子"。

部分种类，如冠园丁鸟（*Amblyornis macgregoriae*）、褐色园丁鸟（*Amblyornis inornatus*）的建筑会像座小凉亭——围绕着小树用树枝搭成一个两台状的建筑。褐色园丁鸟的整个建筑的直径可达 5~6 米，包括一个围绕小树建造、顶部完全用茅草覆盖的凉亭，凉亭中有数根柱子支撑。在入口的前面是一个用各种鲜艳物品铺成的"花园"，雄鸟会在花瓣枯萎前更换花园中的"鲜花"，不断翻动和摆弄自己的装饰物；也会找机会闯入邻居雄鸟的家中，偷走自己喜欢的装饰物带回自己的花园。

另一些种类，如缎蓝园丁鸟（*Ptilonorhynchus violaceus*）则用枝条搭出两侧墙，形成一小段林荫走廊状的建筑，再用喙碾碎色彩艳丽的浆果，用浆果的颜色涂抹走廊的墙壁；也会用一些花瓣、羽毛等装饰物铺在走廊的前后。

雌性的园丁鸟会很仔细地审视雄性园丁鸟精心搭建和维护的建筑，长时间观察、挑选。如果雌性园丁鸟对这个建筑满意，就

褐色园丁鸟（*Amblyornis inornatus*）的"小凉亭"。

缎蓝园丁鸟［雀形目（Passeriformes）园丁鸟科（Ptilonorhynchidae）］的"林荫走廊"。

会伏身并抖动自己的羽毛，让雄鸟骑上来，仅用时几秒就可完成交配。

虽然每只雄园丁鸟都努力打造华丽的"婚房"，但只有不到10%的雄园丁鸟能够与雌鸟交配，剩下90%的雄园丁鸟在整个交配季节连一次交配机会都得不到。

澳大利亚马里兰大学生物系博士Gerald Borgia曾在22个缎蓝园丁鸟的"林荫走廊"设立红外线相机，并移走其中11个走廊中的装饰物来研究这些建筑和雄鸟获得交配机会的关系。结果表明，蓝色的羽毛、蜗牛壳和黄色的叶子的数量与交配的成功几率呈正相关，同时，建筑的整体结构和密度也很重要。Borgia认为这种"建筑"代替鲜艳的羽毛,向雌鸟传达了建造者的基因质量，平庸的雄性承担不起这种耗费大量精力的工作，优秀的雄鸟则能建造更高质量的建筑。根据Borgia的记录，曾有缎蓝园丁鸟先后吸引到多达33只雌鸟与其交配（这只缎蓝园丁鸟，打造的必定是超级豪宅吧）。

雌性园丁鸟在与选中的雄鸟交配后，并不会和雄鸟在这美丽的建筑中一起生活和抚育后代。它会回到自己筑的巢中，产下两枚卵，自己孵化养育雏鸟。而雄鸟，要继续用这个"婚房"吸引更多的姑娘。

不同于园丁鸟，雄性织雀用草编成的球状巢穴则真正地用于繁殖后代。织雀，又名织布鸟，是麻雀的近亲。雄鸟用草在枝条上编织一个基础框架后，便会让雌鸟前来评判。雌鸟会选择满意的巢与雄鸟交配，等雄鸟完成整个巢之后，雌鸟就会产卵。在这期间，不少年轻的雄鸟要把未完成品一遍遍拆掉再重新编织以求获得雌鸟的青睐。

　　并不是所有的鸟儿都如园丁鸟和织布鸟一样"手巧"，会建造"婚房"讨雌鸟欢心。有些雄鸟会通过向雌鸟炫耀华丽的羽毛来展示自己的健康与优良血统。但是仅羽毛展示往往是不够的，为了获得雌鸟的青睐，雄鸟需要付出更多的努力。

　　生活在哥斯达黎加雨林中的长尾娇鹟（*Chiroxiphia linearis*），又名长尾侏儒鸟，这种鸟类的小伙子们压力就大多了。虽然它们有着宝石般艳丽的羽毛，但除了觅食和休息外，向雌鸟展示爱的情歌和舞蹈几乎占据了余下的生活。

　　繁殖季一到，长尾娇鹟小伙子们就会和主唱大叔组成乐队，成员数量为 2~3 只。乐队中的主唱发出类似黄鹂的叫声"嘟来嘟"，年轻的雄鸟则要努力和主唱音调匹配，以保证乐队合唱达到完美的一致。这个旋律会在一小时内被重复近千次，直到吸引一只雌鸟前来评判，随后乐队的舞蹈展示就开始了。

　　在雌鸟选择那个它认为最满意的乐队组合后，乐队中的主唱便示意自己的伙伴离开，并单独向雌鸟跳舞求爱，然后交配。对于这个最佳乐队的其他成员来说，它们会等待主唱死去或消失，这样就可以代替主唱的位置。幸好，长尾娇鹟的寿命可达 15 年，年轻人等得起，但能等到机会的雄性娇鹟也不多。研究者对一个有 80 只雄性长尾娇鹟的地区进行研究发现，在 10 年里，与该种群内 90% 的雌鸟交配的，只有 5 只雄鸟。对于一个乐队组合的主唱来说，一年中可能被多到 50 只的雌鸟选中。而做学徒的小

黑额织雀 [*Ploceus velatus*，雀形目（Passeriformes）文鸟科（Ploceidae）织布鸟属（*Ploceus*）] 和它辛勤编织的"婚房"。

黄胸织布鸟（*Ploceus philippinus*）的杰作。

伙子，要跟着主唱练习 300 万次"嘟来嘟"，进行 1000 个小时的舞蹈训练，才有可能成为主唱。甚至有些雄性娇鹟会累死在"跳舞"上，只有那种熬得住辛苦的、寿命最长的雄鸟才有繁殖的机会。

另外一些鸟类，如部分猛禽和燕鸥的雌鸟会像幼鸟一样向雄鸟乞食。一方面，雄鸟的喂食可以补充雌鸟产卵和孵化所需要的营养；更重要的是，雌鸟会以此测试雄鸟是否有能力做一个合格的父亲，可以为永远不会饱的幼鸟带回充足的食物。

在南北极之间迁徙的北极燕鸥（*Sterna paradisaea*）是最著名的候鸟之一，其迁移距离是已知动物中最长的。在繁殖前，每一只雄燕鸥都会努力捕鱼并将其叼在嘴里，在繁殖地上空飞行，等候雌燕鸥的挑选。雌燕鸥会检视这些礼物的大小是否合适，太小或太大的鱼都表明雄燕鸥能力或经验不足，只有能够稳定提供大小适中食物的雄鸟，才会被选中和雌鸟共同繁育后代。

选择你，有道理

不管是鸟类还是其他动物的雌性，都绝非两性间的被动一方。是否接受"裸婚"，以及对雄性的百般挑剔，在这些表象的背后，更重要的是两性间的生殖差异，以及雌性对雄性优良基因的选择和亲代投资（parental investment）的博弈。

以鸟类为例，鸟卵常常占到雌鸟体重的 15%，有些甚至达到雌鸟体重的 30%。雌鸟已经为后代提供了一个富含营养的卵，而雄性的精子除了提供基因外，没有任何能增加受精卵存活机会的资源。这种差异可以表述为亲代投资的差异。因此，雌鸟会非常珍惜自己可以选择的机会。绝大多数的雌鸟，在这个选择的过程中，既要努力找到基因优良的雄性，又要努力让雄性与自己分担亲代投资的压力。

之前提到的园丁鸟，生活的环境中有丰富的食物来源，由于当地大多数捕猎者都是夜行动物，也没有太多的天敌。雌性园丁鸟有能力独自将卵孵化并抚育，因此雄鸟才能不提供基因外的任何亲代投资。而在大多数不那么完美的环境下，雄鸟，比如北极燕鸥，则要在抚育后代上付出自己的精力，参与孵卵、照顾、喂养和保护雏鸟，以便更有把握保住乃至增加所养育后代的数量。

可见，雌鸟们的选择都是有道理的。

各位在爱情道路上奔忙的青年们，你们是否做好承担责任的准备了呢？

长尾娇鹟（*Chiroxiphia linearis*）的雄鸟。

　　据 2011 年 6 月 16 日经济观察网报道，长江三峡连续数日增加泄洪量，模拟洪峰，以刺激长江"四大家鱼"产卵。这个报道无意中向我们透露了"家鱼"的爱情秘史。

　　长江"四大家鱼"是人们餐桌上常见的四种淡水鱼类：青鱼、草鱼、鲢鱼和鳙鱼，它们是我国的传统水产，既有丰富的野生资源，也有悠久的人工养殖史。这几种家鱼的"恋爱观"和长江里的其他鱼类有一些不同，它们对生娃的环境条件十分挑剔。

如报道所述，这几种家鱼产卵需要有特定的水文条件，如适宜的水温、一定的水位涨幅和一定的流速。

一般来说，"四大家鱼"只在水温超过 18 摄氏度时才可能产卵，因此它们往往在 4~7 月间发情、产卵。此外，它们对江水的增量也相当挑剔，需要一定的涨水和流速的刺激才可以进行产卵。调查发现家鱼在水位开始上涨半日到数日之后，流速上升到一定水平后，才开始产卵。比如，草鱼就需要超过 0.8 米 / 秒的流速和 400 立方米 / 秒的水通量的刺激才能够产卵。

"四大家鱼"这种挑剔的"恋爱观"，事实上与它们的生理机制有密切联系。

目前，科研人员一般把鱼类的性腺发育分为六期。而产卵行为发生在第 V 期的结束时。在第 V 期时，雌鱼的卵巢发育完备，生殖细胞由初级卵母细胞发育为次级卵母细胞，并最终形成成熟的卵子。

然而，在静水中的"四大家鱼"性腺发育的第 IV 期，初级卵母细胞会停止发育，不能进入第 V 期。因此，无法形成成熟的卵子，也就无法产卵。这是因为"四大家鱼"的性腺发育晚期要经历一系列激素调剂，而这一过程需要外界刺激才可以进行。

在大江大河中，伴随着汛期的来临，水流量增加，流速也会变快。家鱼发达的侧线系统以及皮肤、口鼻等器官都能敏锐地感受到这一变化。这成为刺激脑下垂体和下丘脑等内分泌器官改变激素水平的信号。这一信号会导致促性腺激素等一系列激素水平上升，导致初级卵母细胞持续发育，使得性腺成功发育为第 V 期，并最终产卵。

"四大家鱼"性腺发育晚期示意图

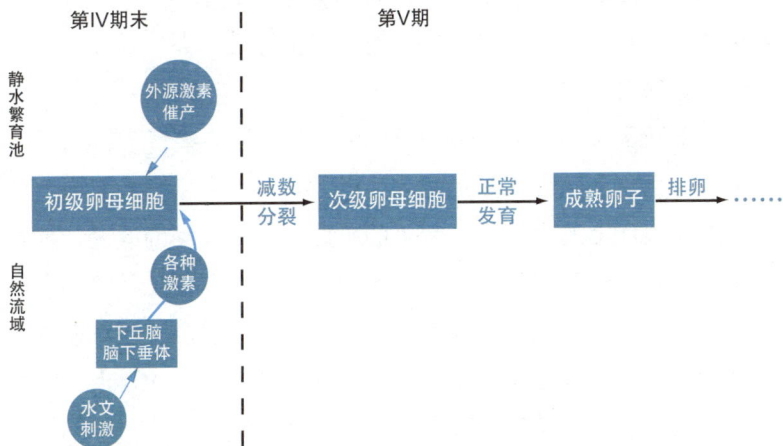

"四大家鱼"性腺发育过程中，需要激素的刺激才能让第 IV 期末停止发育的初级卵母细胞进行减数分裂，从而在第 V 期顺利变成卵子。自然状况下，侧线感受到的流量、流速等水文刺激会引起这些激素的分泌，而人工静水繁育池里只有通过人为添加外源激素来达到这一目的。

人工模拟"产房"

这一机制的发现，对"四大家鱼"的人工繁育有着重大的意义——人们可以通过外源性的促性腺激素，跳过水文刺激因素，直接在静水中进行家鱼的繁育。

在适宜流速条件下产卵，除了是家鱼产卵的必要条件之外，对家鱼鱼卵的孵化也有益处。由于"四大家鱼"每年只有一次产卵期，因而孵化成功率显得十分重要。一般来讲，表面水层具有更好的水气交换，比底层更加适宜幼鱼的孵化与发育。因此，许多鱼类的鱼卵都属于漂流性卵，"四大家鱼"也不例外。然而"四大家鱼"的鱼卵密度略高于水，属于"半浮性"卵，需要一定的流速才能够保持漂浮。

由此可见，在自然条件下，"四大家鱼"的繁育十分依赖水文条件。但水利工程尤其是宽大河道上的水坝会剧烈地影响水流的动态。长江上的大型水坝带来的水温和水位波动的改变，使得家鱼的生殖条件无法被满足。这与过度捕捞、湖泊工程等不利因素共同导致长江野生"四大家鱼"资源严重衰退。因此许多学者呼吁大型水坝工程应当科学地安排汛期调水工作，并且人工模拟自然洪峰，向家鱼释放产卵信号，以保护"四大家鱼"资源。

事实上水坝工程对河流的生态环境有着复杂的影响，人工洪峰模拟自然汛期是一种比较常见的生态修复手段。世界上许多河流的水坝都进行过相似的工作。因此，三峡水坝模拟洪峰的工作，其实也是有一定经验可以遵循的。

人工模拟洪峰，往往需要水坝持续地增加每日泄洪量，以模拟自然汛期水流量持续增加的趋势，也能够增加水道中的流速，从而满足家鱼产卵所需要的条件，达到促进产卵的目的。因此，报道中的三峡泄洪事件也采用了每日增加泄水量的方法。

不过渔业资源的养护与修复是一项复杂的工程。目前来说，人们对于衰退的渔业资源仍然束手无策。过度捕捞、人类活动都会影响鱼类种群的丰富度。对长江的"四大家鱼"来说，除了水利工程之外，仍然面临着过高的捕捞强度、日益繁忙的航线、无节制的排污等各种不利因素。因此仅仅模拟洪峰未必能够扭转资源衰退的局面。即使是本次模拟洪峰，是否能起到预期的效果仍然未知。正如报道指出，这仅仅是"刚开始做的实验"。

　　要建立"四大家鱼"的伊甸园，让它们在长江水中自由地"相恋"，人类需要付出更多的努力。我们本就应当付出更多的努力。毕竟，我们在这里同饮一江水。

莫把我们
的"爱情"当做
地震先兆
瘦驼

　　每年的五六月，总会传来各种大群蛤蟆上街的消息，成年的
蛤蟆集体追逐"爱情"的喧闹刚收场不久，新生的小蛤蟆又成群
结队地奔赴新的世界。聚居在水泥森林中的人们看到这样的场景，
难免会恐慌。汶川大地震之后，有网友声称蛤蟆集体散步的奇观
是"地震先兆"。不少网友嘲笑说"地震预报要听蛤蟆的"。这阵"蛤
蟆风暴"很快席卷神州大地，当年地震之后，贵州桐梓、福建连江、
四川巴中、浙江平阳、广东深圳、山东平度等地陆续报道有蛤蟆
集体散步，一时间地震疑云密布。你相信蛤蟆和地震先兆有关
系吗？

　　蛤蟆并不是严格的分类学意义上的名称。它们都属于两栖纲中的无尾目，也就是俗称的各种蛙和蟾蜍。这是脊椎动物中最大的家族之一，目前发现和命名的种类有5000多种。

　　暮春时节，在泥土里熬过一冬的蛤蟆们在阳光和雨水的召唤下活跃起来，开始向有水的地方进发。动物学家们发现，这些家伙会像鲑鱼一样，返回出生地进行繁殖。赴这场"无遮大会"的家伙步调如此一致，常让某地一夜之间出现大批蛤蟆。以全国各地都可以见到的中华大蟾蜍为例，其繁殖季节在4~5月，有些可到6月。在某些地方其种群密度可达3600只／平方公里，集中到某一个水塘时，情势相当壮观。别以为这种景象只会出现在乡间，即便是城市里，蛤蟆大会也在各种水洼里上演。2007年的一个调查显示，上海市区17个城市公园中，每公顷金线侧褶蛙的平均数量高达127只，与之接近的黑斑侧褶蛙也达到了97只。蛤蟆一个个流着哈喇子，急匆匆地冲回老家干"好事"，却被误作地震的先兆。蛤蟆们可顾不上澄清误会，它们得抓紧时间，在水洼干掉之前完成相亲、相爱、产卵、孵化直至小蝌蚪蜕变成小蛤蟆的过程。

　　正是由于繁殖的这种不确定性，蛤蟆们大多采取广种薄收的繁殖策略，雌蛤蟆的产卵量都很惊人，往往以千计。这样一来，闹翻天的蛙鸣过后，就会是满坑满谷乌漾乌漾的蝌蚪，以及过不了多久满地乱蹦的小蛤蟆。显然，由于成长道路上充满艰险，刚刚褪去尾巴的小蛤蟆要比成蛙数量多得多，因此，当小蛤蟆离开"幼儿园"奔赴各地的时候，也会形成壮观的"蛤蟆风暴"。

有时，这些家伙会不顾死活地涌上公路。车祸成了很多种类蛤蟆濒临灭绝的原因。为此，很多国家在公路上设置蛤蟆用的安全通道。

随着社会的发展，蛙声逐渐淡出了很多人的记忆。在城市里，找一块泥地、一片干净的水塘已近乎奢望。难怪城市人看到蛤蟆聚会后感到如此陌生和恐惧。

蛤蟆陷入艰难时光

2004 年 10 月出版的《科学》杂志刊登了世界自然资源保护联盟发布的报告，指出目前世界上有 1856 种蛤蟆的生存受到威胁，2489 种蛤蟆的数量在下降。报告估计，未来 100 年内近半数种类的蛤蟆将完全消失。

蛤蟆们的最大灾难是栖息地的消失。热带雨林是许多蛤蟆的家园，但雨林正在以惊人的速度消失着。由于这一原因，1989 年以后，著名的金蟾蜍就再也没被发现过。

污染也是大问题。在紫外线辐射增加以及水污染面前，蛤蟆没有还手之力。美国地质调查局 2000 年发布报告指出，美国 44 个州出现了蛤蟆畸形的现象，有的地区 60％ 的蛤蟆都成了怪物。到目前为止，人们也没有完全搞清楚问题之所在。

最后，交通运输业让疾病得以散播。在巴拿马，泽氏斑蟾一直被视作吉祥物。前段时间，生物学家发现它们彼此相遇时，会互相挥"手"。可惜，我们再没机会了解它们挥手的含义了，一种对蛤蟆致命的真菌沿着新修建的公路迅速扩散。泽氏斑蟾已经野外灭绝。

与地震先兆相比，我们更应关注泽氏斑蟾的挥手：挥别家园，还是在向人类提出警告？

忠贞
有假？
吼海雕

在民间传言中，有很多鸟类是一夫一妻制的忠贞典范。天鹅十分重视夫妻感情，小天鹅甚至会为死去的配偶守节 3 年；大雁从不独活，一群大雁里很少会出现单数，一只死去，另一只也会自杀或者郁郁而亡；"得成比目何辞死，只羡鸳鸯不羡仙"，鸳鸯则更是至死不渝的爱情象征，一旦配对，终生相伴，双宿双飞；相思鸟鸟如其名，雄鸟、雌鸟成对生活，恩爱非凡，是有名的"爱情鸟"。人们给这些鸟类贴上各种"忠贞"的标签，那鸟儿们爱情、婚姻的真相到底如何？

大雁：婚姻期内，好聚好散

人们通常所说的大雁，其实是雁形目鸭科中雁亚科雁族 16 种鸟的泛称，大雁的确不像某些鸟类那样，雄鸟交配完毕拍拍屁股就走人。不过，同鸭科中的绝大部分种类一样，大雁虽然是一夫一妻制，但关系往往只能维持一个繁殖季。如斑头雁（*Anser indicus*）、鸿雁（*Anser cygnoides*），头一年在越冬地就大多相配成对，开春双双飞回繁殖地共筑爱巢，一个繁殖季只产一窝卵，然后夫妻双方通力合作照顾雏鸟，待到夏末完成繁殖任务后便好聚好散，天涯陌路，第二年再寻新欢，并没有"从一而终"之说。

在非繁殖季，大雁不管夜栖、觅食还是迁徙都喜欢集群活动。但这并不是因为耐不住寂寞，而是集群而居能降低个体面临风险的几率。一群雁中大家轮流站岗放哨，其他成员就能够放心活动，节省体能。

天鹅：守节是假，终生相伴却有可能

天鹅指的是雁形目鸭科天鹅族，在中国有大天鹅（*Cygnus cygnus*）、小天鹅（*Cygnus columbianus*）、疣鼻天鹅（*Cygnus olor*）三个种。天鹅的夫妻关系能维持较长时间，一般认为如果不出意外确实可能终其一生，大天鹅的往年后代还会帮助父母照顾雏鸟。

　　这是因为双方的默契程度越高，经验越丰富，繁殖成功的几率才越大，要是轻易更换伴侣，可能会因双方缺乏"合作"经验而增加繁殖"成本"，使成功率大打折扣。许多繁殖率低或是生存环境严苛的鸟的婚配制度都表现出这种特点，曾有科学家对新西兰王信天翁（*Diomedaee epomophora*）进行了连续 16 年的观察，最终认为这种鸟可能终生维持原配。

　　不过，天鹅并不是绝对的终身原配，曾有研究发现疣鼻天鹅每年繁殖对的离婚率不足 5%。要是一方死去，另一方除非是已经失去繁育能力，否则肯定要在下一个繁殖季另起炉灶，毕竟繁衍后代传播基因才是它们活着的终极目的，天鹅为死去的配偶守节一事也就不足为信。

鸳鸯：风流薄情，交完就掰

　　鸳鸯被视为模范夫妻之首并非空穴来风。鸳鸯（*Aix galericulata*）是雁形目鸭科鸳鸯属水鸟，雄鸟羽色艳丽，光彩照人，雌鸟一身朴素褐色，腹部纯白。每年 4 月是鸳鸯的繁殖季，此时越冬期间成群活动的鸳鸯逐渐分散开来，成对活动，雄鸟和雌鸟在此期间形影不离，互相追逐嬉戏，这一场景想必给无数古代文人墨客留下了深刻的印象。

　　但美好的真相也就到此为止，5 月初和 5 月末是鸳鸯的交尾期，在交尾期内雄鸟频频向雌鸟献殷勤，炫耀自己的艳丽，雌鸟紧随雄鸟身侧，围绕雄鸟不停打转，心领神会的雄鸟跟着做出同样的表演，然后伏在雌鸟背上完成交尾。交尾期结束后雄鸟就扬长而去，接下来的营巢、孵卵、养育子女全部由雌鸟独自承担，直到 9 月份繁殖期结束。

即便在同一个繁殖期内，雌雄鸳鸯看似恩爱甜蜜地出双入对，其实是一夫一妻制鸟中相当普遍的看护伴侣行为，即因为对方有出轨倾向而不得不严加监视。据报道，为了证实鸳鸯是否会真像古代文献所述"人得其一，则一思而至于死"，早年间吉林省长白山地区的研究人员还曾经做过这样一个实验，在有成对鸳鸯出现的地区用枪打落一只鸳鸯，结果另一只很快重新续弦，并没有生死成双。

相思鸟：忠诚？够呛

以往人们认为，现存鸟类中约有 92% 的种类实行的是一夫一妻制，即在一个繁殖期内，一雄一雌确定配偶关系就齐活儿了。现在人们发现，一夫一妻制鸟类中实际上竟然普遍存在着婚外交配的现象，特别是在一些小型雀形目鸟类中。比如一项对芦鹀（*Emberiza schoeniclus*）的研究发现，有 93% 的雌鸟有至少一个私生子，一个繁殖季中有多达 55% 的雏鸟来历不明。白领姬鹟（*Ficedula albicollis*）、白冠带鹀（*Zonotrichia leucophrys*），甚至象征和睦美满的家燕（*Hirundo rustica*）都存在对家庭"不忠"的行为。

有着言情小说般名字的相思鸟，是雀形目画眉科相思鸟属，有银耳相思鸟和红嘴相思鸟两种，一般人们所指红嘴相思鸟，平时结小群生活，繁殖季则成对活动，雌雄常形影不离，并共同育雏。虽然目前并没有针对性的研究，但从整体形势来看，相思鸟的婚外行为，十有八九也好不到哪儿去。

　　另一种分布在澳大利亚东南部的细尾鹩莺（*Malurus*）则更夸张，雌鸟会一边以刚刚好的交配次数保证它的配偶协助哺育家庭，一边和其他它看上眼的雄鸟偷情；而另一方面，它的配偶可能在附近有多达六窝雏鸟，但它自己正在哺育的那一窝里可能一个都不是它的孩子！

　　这种行为其实也不足为奇，在生态学上这叫做临界型一雄一雌制——夫妻双方只是迫于环境压力，必须由双方共同孵卵育雏才能繁殖成功，从而表现出一夫一妻制。只要有机会在不危及后代的情况下传播自己的基因，它们就一定会那么做。而一旦一方"出轨"，它的配偶就会受到性选择压力，于是要么出去散播自己的基因，要么发展出看护行为以减少自己戴绿帽子的机会。在这一点上，相思鸟和鸳鸯的选择倒挺一致的。而对于这些鸟类而言，所谓的爱情，更像是它们生存繁衍大计面前一碟小小的配菜吧。

是男是女
靠竞争
—— 桃之

你有没有想过，有一天起床之后要靠打架才能决定你一天的性别？

万一打输了，就要做妹子，从怀胎九月到抚养下一代全权负责，这叫人家的男性尊严情何以堪嘛——这不是在写奇幻故事，这是动物世界里的真实故事。

赢的才是男人：争夺"雄性权利"

扁形动物门涡虫纲的各种涡虫外表很抽象：扁平、柔软、叶片状。例如多肠目的 *Pseudobiceros hancockanus*，身体左上部随便长的一个鲜黄色突起，就应付了事地算是它的脑袋了。它们常常住在洁净、富氮的水中，昼伏夜出。如果想移动，就贴着地面扭啊扭，飘啊飘，捕食些蠕虫、昆虫和甲壳类。不过千万不要以为涡虫的生活真的很优哉游哉，拿 *P. hancockanus* 先生来说吧，它的人生重头戏——娶妻生子，可是一场名副其实的"大恶斗"。

P. hancockanus 的交配过程是纯暴力的：两只性成熟的涡虫提"枪"上阵——此"枪"白色，有两个尖尖的匕首状突起，短兵相接，奋力搏斗，都试图将自己至少一柄"枪"（是的，有些涡虫甚至有两枚雄性生殖器）刺入对方的表皮。一旦得逞，就迅速注入精子，登上"父亲"的宝座，而失败者只能心不甘情不愿地充当"贤妻良母"了。

如果说涡虫是明争，那欧洲蜗牛科的大蜗牛（*Helix pomatia*）就是暗斗了：它们交配时双方都会受精，但进入体内的精子前途未卜，一些可以被储藏很长时间，另一些则被消化。于是交配时，蜗牛们都会向对方射出一个钙质的、能让对方收缩一下的小刺（love dart），被刺中的一方往往能接受更多精子进入"精子储藏室"，也就有更高的机会让精子遇见卵细胞。有趣的是，虽然看上去"被刺一下也无所谓"，但是双方都会尽量躲避被刺中。

这听起来有点儿诡异：难道母亲是谁想当（或不想当）就能当（或不当）的吗？事实上，对上面这两位来说，是这样的。因为它们雌雄同体。这可是个相当聪明的法子：如果你的活动能力有限，族人又罕见，那么雌雄同体意味着你并不需要寻找一名"异性"伴侣——你只要有个伴儿就行。这直截了当地防止了你找到自己另外那半个天使后，发现你俩的翅膀居然是同一边儿的……

分工明确：和平繁殖后代

既然大家都是雌雄同体，那谁做雄性谁做雌性就成了个现实问题。事实上，除了涡虫和蜗牛会争夺"雄性权利"外，大多数雌雄同体的动物们都是和平友好地处理这个问题的。譬如蚯蚓，如果双方的两性发育都成熟，它们是双方同时扮演雌雄两个角色的。再如海兔，它们不仅既雌又雄，还大搞多人游戏：三五个到十几个连成一串交尾，最前面一只充当雌体，最后面一只充当雄体，中间的则对前面的一只充当雄体、对后面的一只充当雌体。

变男变女：地位决定性别

有魄力才能享有"雄性权利"的不只是涡虫，虾虎科的蓝灯虾虎（*Elacatinus oceanops*）也是如此。这是一种常被饲养的海洋观赏鱼，又叫"清洁鱼"，会帮助大鱼清理伤口和口腔。它们一出生是分雌雄的，甚至会组建一夫多妻的稳定家庭，雌鱼们按照严格的等级顺序（即正室、二房、三房，依此类推）排列，跟在雄鱼后四处溜达。一旦雄鱼死去，地位最高的"正室"就会成为鱼群首领，再几天，她就会长出雄性生殖器而变成"他"，将剩下的妻妾据为己有！

　　神奇的大自然有无穷的宝藏，男和女是个永恒的话题。不知道明天，又会上演什么样的喜剧。

爱我就
请吃掉我
famorby

　　新婚之夜，新娘对着新郎的躯体大快朵颐？如果熟悉《黑猫警长》中的螳螂疑案，你也许对此早已不足为奇。那后面这些能否满足你的重口味呢：约会中小伙吃掉年老色衰的姑娘，新生婴儿的第一顿美餐是母亲的血肉，兄弟姐妹必须自相残杀决出胜者才能生存……是的，对于蜘蛛的家庭来说，吃和被吃，一切皆有可能。

据 BBC 2011 年 4 月 15 日报道，乌拉圭生物学家艾森伯格（Anita Aisenberg）发现，在一种名为 *Allocosa brasiliensis* 的狼蛛种群中，年轻的雄性会吃掉已经过了繁殖期的雌性，这是首次在蜘蛛中发现的雄性吃雌性的例子。

在 BBC 的报道中，这种夜行性狼蛛中的雄性会等待寻找伴侣的雌性狼蛛到来，若遇到的是一名狼蛛"处女"时，他会倾向于选择与其组成伴侣，因为这些雌性狼蛛年轻力壮，生育能力十分强；而若遇到年龄较大的雌性狼蛛，雄性往往选择将其吃掉。

留下花姑娘，吃掉老太太——这种"重色相轻长辈"的"不道德"事件纵观整个动物界都实属罕见。但其实它在蜘蛛王国中不算什么，因为蜘蛛们还有其他各种"不道德"……

注：以下故事有限制级元素，请谨慎阅读。

血腥的约会

在狼蛛家族 [狼蛛科（Lycosidae）] 中，雌性在交配完成后立即吃掉雄性是很常见的行为。短命的新郎们在求偶时，先织一个小网并把精液洒在上面，然后用构造特殊的脚须——须肢高举着这张小网，小心翼翼地靠近雌蛛，若雌蛛伏着不动，雄蛛便靠近雌蛛进行交配，用须肢把精液送进雌蛛的受精囊中，同时也把自己送入雌蛛口中。

这些雄性狼蛛心甘情愿被雌蛛吃掉的原因有二：一是雌性狼蛛会无微不至地照顾卵和幼蛛，为了后代往往会忍饥挨饿，因此在生育前积蓄更多能量将有利于抚育后代；二是雄性狼蛛在交配过程中用须肢将精液送入雌蛛的受精囊，当身体的其他部分被雌蛛吞食之后，须肢等一部分肢体残片就会留在雌蛛体内，这样可以防止雌蛛再与其他的雄蛛交配。

无私的母爱

　　生长于澳大利亚的食母蛛 [*Diaea ergandros*，蟹蛛科（Thomisidae）狩蛛属（*Diaea*）] 出生后的第一顿美餐，就是其母亲的身体。

　　蟹蛛的寿命一般较短，生育后，雌蛛会一动不动地伏在卵袋上守护，往往在幼蛛孵出前便会死去。但澳大利亚动物学家 Theodore Evans 发现，一种蟹蛛的雌蛛会产下约 45 枚卵，它们在产卵前后就会开始捕猎许多昆虫，在幼蛛孵化出壳之前，雌蛛大量进食增加自己的体重，将自身作为留给后代的营养库。破壳而出的小蜘蛛会从母亲的腿关节处开始吸食营养丰富的体液，直到将母亲吸干，而雌蛛也会毫不反抗地任由孩子们大口吞食自己。

狼蛛科（Lycosidae）蜘蛛。

蟹蛛科（Thomisidae）狩蛛属（*Diaea*）蜘蛛。

寇蛛 [球腹蛛科（Theridiidae）寇蛛属（*Latrodectus*）] 可能听起来有些陌生，但提到它们的俗称，那绝对称得上如雷贯耳——黑寡妇。

黑寡妇不是某一种蜘蛛，而是寇蛛属多种蜘蛛的统称，这个可怕的名字源于其雌蛛往往在交配后会吃掉雄蛛。它们和狼蛛一样，新娘都将新郎作为盘中餐，但它们的童年生活，则远比狼蛛宝宝们残酷得多。

狼蛛母亲会将幼蛛放在自己背上，捕猎喂食幼蛛，幼蛛一般会在母亲的庇护下健康生长，直到第二次蜕皮后才开始独立生活。而寇蛛属的许多种类,幼蛛从一出生就经历了一场"大逃杀"，弱肉强食的法则在其兄弟姐妹之间推行。

雌性寇蛛会在交配后将精液储存在体内，之后可产卵 4~9 次，每次用一个卵袋将卵包裹着悬挂在蛛网上，每个卵袋内有 250~750 枚不等的蛛卵。经过 14~30 天的孵化后，这些寡妇的孩子们便开始了生命中的第一场历练。手足相残的结果是，每个卵袋内最终只会有几只或十几只幼蛛存活下来，甚至有时只有一只成为窝里斗的最终胜者。存活的幼蛛会从悬挂的卵袋中爬出，牵丝顺风飘荡，蛛丝的落地点就是它们的落脚点，它们在那里结网，开始新的生活。

"鹿羊恋"是浪漫典范？

瘦驼

2011 年动物界最热门的八卦，莫过于云南野生动物园的绵羊长毛和梅花鹿纯子的不伦恋了。一头从小生活在鹿群里的公绵羊，居然赢得了雌鹿的芳心，平日里卿卿我我也就罢了，居然真刀真枪地操练起来了。2012 年情人节，动物园还给它们俩举办了"婚礼"。

这种劲爆的消息最能成为热门八卦了。其实，以我儿童时期农村生活的经验来说，这类超越物种的"恋情"并不罕见。谁家的公鸭骑了谁家的母鸡，还把人家母鸡给啄死了（鸭子的交配远比鸡的激烈，公鸭会死死啄住母鸭的颈部，而鸡的脖子没有鸭子那么强悍）；或者谁家发情的母马没拴好，让别村的驴给占了便宜。这些事儿都会在茶余饭后不断被人提起。

如果从动物行为学的角度入手，不难发现这些风流的始作俑者往往都是雄性动物，特别是那些一夫多妻或者多夫多妻制的雄性动物。对它们来说，多一次少一次没什么区别，反正有的是储备，而且中奖了也不用自己负责，有枣没枣打一竿子再说。所以这些雄性动物不太会挑剔，很多东西都会挑起它们的性趣。比如，一只公绿头鸭对一具同类同性的尸体玩个不停，一些雄甲虫只因为啤酒瓶跟雌甲虫的颜色质感比较相近就纠缠不休。

另一些动物则把性事发展出了传宗接代之外的功效，比如玩乐。此中高手是各种鲸类，这些普遍被认为智力发达的动物与人类一样风流。比如有记录说瓶鼻海豚把"小弟弟"插进海龟龟壳缝隙的软肉里，或者用"小弟弟"末端的钩状物挑起一条滑溜溜的鳗鱼。跟已经无处可寻的白鱀豚长得很像的亚马孙河豚（*Inia geoffrensis*）更会玩，早在 1985 年，就有科学家发现雄亚马孙河豚有种特别的爱好，那就是把自己的"小弟弟"插进同伴头顶的喷水孔（也就是鼻孔）里。有时候人类也会成为这些永远面带微笑的家伙的调戏对象，一项关于南半球与野生鲸类伴游观光活动的调查记录了至少 13 起海豚试图将与之伴游的人类当成泄欲工具的报道。其实你大可不必去海里找这种体验，那些家里养着公狗的朋友想必都经历过自家的宠物抱着客人的腿做猥琐之事的尴尬。

与这些花花大少比起来，有些风流的家伙实在是很严肃的，其中比较突出的是鸟类。稍微熟悉动物学的朋友可能都听说过动物行为学的开山祖师之一康拉德·洛伦兹 (K.Lorenz) 曾经做过的一个实验，他亲自孵化了一批灰雁的蛋，从小雁破壳的那一刻开始与之形影不离。结果这些小雁后来就紧紧跟随洛伦兹的靴子，就像跟着自己的父母一样。这种现象叫做印记 (imprinting)，在所有动物里，鸟类的印记行为最为明显，也被研究的最为透彻。有趣的是，印记不但会让鸟认贼作父，还直接影响了它们的择偶标准。比如小雪雁（*Chen caerulescens*）有两种色型——白色和蓝色——过去人们曾经认为这两种颜色的并不是同一种鸟。今天我们知道这只是某几个基因差异造成的。1972 年，鸟类学家库克 (F.Cooke) 发现，在野外，小雪雁总是倾向于寻找与自己相同色型的伴侣，而如果让它们从小被相反色型的养父母收养，那它长大后就会倾向于寻找与自己相反色型的伴侣。再如果让它们从小被一白一蓝的混合家庭收养，它的口味就不再偏向任何一个色型。类似的结论在鸽子、鸡和斑胸草雀（*Taeniopygia guttata*，也就是珍珠鸟）身上都得到了验证。甚至科学家们还成功让斑胸草雀"爱"上了人类的手指，对其大献殷勤。

我们看到的大部分此类事件都能用以下几点来解释——它们大多生活在圈养条件下，从小跟其他动物生活在一起，于是"人生观"出现了很大问题。它们长大后，被限制了自由的春情又无处释放，于是就悲剧了。

按理说，不伦恋应该是，也的确是悲剧的，然而上面这些事儿怎么看怎么充满喜感。

但接下来说的这个就绝对悲情。1993 年，科学家在危地马拉附近的大西洋 3000 多米深的深海中看到了两条正在缠绵的章鱼，奇怪的是这条根本不是一个种类，更诡异的是，它们又都是雄性。然而，性对于章鱼的意义除了繁衍还意味着死亡。因为它们一生只会交配一次，然后雌雄双方都会在小章鱼孵化前后死去。既然一生只为这一回，这类动物理应当严肃起来才是，可为何这两条还要乱来一气呢？研究人员对此的解释是，在深海，这些独行的家伙可能很难遇到配偶甚至同类，当性成熟来临，生命即将结束的时候，它们会抓住一切机会拼死一搏。真是太悲惨了。

很久以来，主流科学家们一直认为，跨物种杂交这种事，在动物界（之所以强调动物界，是因为在植物界种间杂交非常普遍）中即便偶有发生，也绝对是非主流的，因为这样做的结果往往是没有结果，或者只是个坏结果。所谓没结果就是两种动物亲缘关系相隔太远，根本无法产生后代，比如长毛和纯子虽然都是偶蹄目的动物，可一个是牛科，一个是鹿科，它们的祖先分家至少已经 2000 多万年了，实在是八竿子打不着。而所谓的坏结果是两种动物的祖先分家时间不算久，二者结合能产生后代，但是基本上是不可能有杂二代，因为这些杂一代由于染色体错配等原因，有生育能力的可能性极小，比如马和驴的后代骡子。不过，之所以强调是"基本上"，是因为现实中还真的有例外。

1985 年 5 月 15 日，夏威夷的海洋世界公园里，雌性瓶鼻海豚帕娜荷丽（Punahele）生下了一个雌性幼崽，这个小"姑娘"的父亲，却是与帕娜荷丽共享一个水池的一头名叫塔奴伊哈海（Tanui Hahai）的雄性伪虎鲸（*Pseudorca crassidens*）——如果你爱看好莱坞电影，那你很可能见过帕娜荷丽和塔奴伊哈海，它俩在《初恋 50 次》里作为群众演员出镜过。伪虎鲸虽然比瓶鼻海豚要大三四倍，而且叫"鲸"，但它其实跟宽吻海豚一样是鲸目海豚科的，所以亲缘关系并不远。这只鲸豚兽被命名作珂凯玛露 (Kekaimalu)。珂凯玛露很小的时候生过一个幼崽，但是早夭了。1991 年又生下过一个雌性幼崽，又在 9 岁的时候死去。2004 年 12 月 23 日，它生下第三个孩子，咔哇丽凯 (Kawili Kai)，它的父亲是一头宽吻海豚。如果你去夏威夷旅行，可以去拜访一下珂凯玛露和咔哇丽凯，它俩是已知仅存的两头鲸豚兽。2011 年 7 月，沈阳的一家海洋馆里也曾产下过一头鲸豚兽，出生后不久便夭折了。

新"物种"是如何诞生的？

这些异种杂交并产下可育后代的例子着实挑战了经典的物种定义。物种是生物分类里面最基本的单位，我们说这是一只鸡，而不是一只鸭子，实际上就是在对那只鸟通过形态进行定种。看上去好像并不难，但实际上在生物界，怎样定义一个物种，一直是一件很让人挠头的事，因为有数不清种类的生物，而我们熟悉的只是其中极少的一部分。在众多关于物种的定义方法中，在动物界，最常用也是最有效的定义方式是生殖隔离。

生殖隔离是 20 世纪最伟大的进化生物学家之一恩斯特·迈尔 (Ernst Mayr) 于 20 世纪 40 年代年代提出，到 20 世纪 60 年代完善的一个概念。简而言之，那些在自然条件下无法交配，或者交配后无法产下后代，或者后代不育的两群动物，就可以视作两个物种。当然，这个概念存在很多疏漏，比如大量并非两性生殖的动物被无视了，而且我们也不太可能将任意两个动物杂交一下用来验证其是否有生殖隔离。尽管如此，生殖隔离仍然很有意义，因为它昭示了物种的内涵，那就是相对独立的一套基因组。

传统的进化生物学家认为，野生条件下的种间杂交十分罕见，除了后代很难可育之外，还有一个重要的因素就是"杂种"们将面临父母两个物种的竞争。即便侥幸杀出一条生路，活到了性成熟的年纪，可满眼的异性大部分还是爷爷家或者姥姥家人，会重新掉进祖先物种基因组的汪洋大海中。所以，由一个物种由于后代产生变异，逐渐分化成两群；或者由于地理阻隔分成独立演化的群体才是新物种出现的方式。

种间杂交，1+1＝3？

随着新的野外和实验室研究，一些不寻常的例子逐渐被人们发现。2006 年，美国史密森尼热带研究所 (Smithsonian Tropical

Research Institute) 的耶稣·马瓦雷兹 (Jesus Mavarez) 领导的研究小组在英国《自然》杂志发表了他们的研究成果。这个小组在位于哥伦比亚和委内瑞拉交界处的山区中发现了一种杂种蝴蝶 *Heliconius heurippa*，这种蝴蝶翅膀上的红色和黄色分别遗传自另外两种蝴蝶。新杂种蝴蝶在选择配偶时十分挑剔，只跟同时拥有红黄色斑翅膀的"同类"交配，对或红或黄的亲戚蝴蝶不感兴趣。同时，新蝴蝶的栖息地海拔比父母种蝴蝶都高，幼虫钟爱的食物也与父母不同。这就既保证了新的杂交基因组的"纯净"，又避免了同室操戈的情况发生。

于是，这又成了新物种诞生的另一种方式，也就是 1+1=3。马瓦雷兹以及其他科学家的发现鼓舞了很多不走寻常路的进化生物学家，比如英国伦敦大学学院的生物学家詹姆斯·马莱特 (James Mallet)，他估计至少有 10% 的动物物种是由种间杂交产生的。

虽然对 10% 这个数量科学界还有诸多争论，但是种间杂交产生新物种这一理论正在得到越来越多的支持。毕竟大部分时候，演化是一个连续的过程，而造成种群隔离的地理隔离并非总是不可逾越的。

比如现代分子生物学研究证实北极熊是由棕熊演化而来的，两者大约在 15 万年前分道扬镳。而牙齿化石证据则显示北极熊在 10 万~2 万年前才从棕熊的杂食变成几乎单一的肉食。不管是 15 万年还是 2 万年，其实都只是生物演化史上的一瞬。只是由于第四纪冰期（也就是《冰河时代》中描述的那个年代）的来临，两群动物才被阻隔开，独自演化至今并在外形到行为上产生了巨大的不同。然而由于全球气候变暖等因素，原本生活在北极圈以南的棕熊分布范围越来越北，并逐渐跟自己"失散多年"的亲人北极熊亲密接触。结果就是近几年"棕白熊"不断被发现——地理隔离被打破了，是否会出现新种的熊，或者失散多年的棕熊和北极熊能否破镜重圆，这都值得期待。

实际上，更有科学家大胆推测，我们每个人都是种间杂交的产物——我们的祖先跟现代黑猩猩的祖先曾经有过一腿。来自哈佛大学和麻省理工学院的科学家在对照人类与黑猩猩的基因组时发现，虽然大约 600 万年前我们和现代黑猩猩的祖先已经分家了，但是人类和现代黑猩猩的 X 染色体上的很多基因只有大约 400 万年的差距。如何解释这近 200 万年的差距，研究人员推测在两个物种已经分离 200 万年之后，我们的祖先和黑猩猩的祖先又短暂地重归于好过。你可别怪我们的祖先口味奇怪，因为 400 万年前的人类和 400 万年前的黑猩猩看上去并不像现代人和现代黑猩猩那样差异巨大。

即便种间杂交在自然界并非那么禁忌，不过，回头来看云南野生动物园长毛和纯子俩的结合，它们终究不会有"幸福的果实"。至于在情人节为它们举行婚礼，把它俩拧在一起当成浪漫的典范，唉，真是有点不足为外人道也。

听寂寞在唱歌

紫鹋

"世界上最孤独的鲸鱼"是个流传很广的故事：有一头"曲高和寡"的鲸，独自在北太平洋徘徊了二十余个寒暑，却没有一个来自同伴的回应。

这个故事早在2004年就被写成研究论文，却被反复翻出热传。无论多少时日过去，鲸歌之于人类，总有种神秘的魅力。

寂寞的52赫兹

故事中鲸歌的基本频率是 50~52 赫兹，类似男低音的最低声部，或略高于大号的最低音。当然，除此以外，还有一些不同频率的泛音。

以 52 赫兹为主的声音一直在重复：3~10 秒的声音重复几次为一组，每一组又多次重复，构成歌声的系列。歌声从不会重叠，而且只有唯一来源。有时一天之中歌声的时间累积起来会超过 22 个小时。

它的歌声自 1989 年被发现起，每年都会被美国海军的声纳系统探测到。在追踪它 12 年之后，人们可以确切地知道声音的主人平均每天旅行 47 千米，却无法知道它旅行的目的：在北太平洋里，它的行踪或东西，或南北，或毫无头绪，但它从不留恋某处，从不长期驻足。

没有人看见过歌声的主人，人们只能把它叫做"52 赫兹"。科学家们认为它是一头鲸，因为这样低沉、重复的声音与人类了解的鲸歌的规律相同。

千里传音的歌者

从声音来看，"52 赫兹"可能是一头须鲸。

鲸目有两大类：靠牙齿吃饭，捕食为生的齿鲸亚目，如抹香鲸、虎鲸（逆戟鲸）、海豚等；以及靠嘴里梳子一样的鲸须吃饭，滤食为生的须鲸亚目，如蓝鲸、灰鲸等。齿鲸们通过头上的鼻孔"哼"出各种声音，从短促的叽喳到超声波：它们精于回波定位的捕食之道。相反，对于须鲸们来说，取食方式使它们没有精确回波定位的需求，它们不哼超声波，而是通过喉部唱出低沉的歌。"52 赫兹"的歌声就类似于后者。

身处一片无尽的深蓝中，须鲸们没有灵敏的嗅觉，但它们会"千里传音"，人类至今还不能确知它们是如何做到的——在须鲸的喉部并没有声带一样的结构。这些低沉的声音，显示着大自然的神秘。

蓝鲸的基本频率是 15~20 赫兹，这已经低于大部分人类的听觉范围（20~20000 赫兹）。而长须鲸的基本频率是 16~40 赫兹，并且物种不同，歌声的长短、节奏等组合也不相同。称鲸们的声音为歌声，并不是凭空臆造的。它们有固定的频率组合和重复方式，就像人类唱歌一样。虽然须鲸们也用声音来实现一些简单的导航功能，例如测量水深、判断前方有没有大的障碍物等，但大部分须鲸的声音却并不只是为了这种简单的目的——如果我们对它们的肤浅认识足够靠谱的话。

鲸歌更多时候是唱给同类听的，它也许有着复杂的社交作用。它们是基本的通信手段，比如在蓝鲸中，"快游"大概是几声短啸加上一声长吟的重复，而"去吃东西"则是不同的唱法。

美国国家海洋和大气管理局（NOAA）通过设在加州沿岸水下的水听器研究了一群蓝鲸表示"快游"的歌声，发现在末尾的长吟，同一群鲸发出的声音精确地趋同于 16.02 赫兹，2375 个声音样本基本频率的标准差只有 0.091 赫兹！蓝鲸对频率的变化相当敏感，科学家推测，它们甚至可以通过同伴声音的变调来判断同伴相对自己的游泳速度和方向（它们会应用多普勒效应啊）！

此外，一些正在进行的研究也认为，鲸歌与性选择有关，因此它们也有可能是"情歌"：在交配季节，雄性用歌声来追求、争夺配偶，雌性则通过评判追求者的歌声作出选择，并用歌声回应。不过，大部分歌声，我们无法知道它的目的，有人甚至认为它们纯粹是"为了艺术"。

雄性座头鲸是鲸中的"情歌王子"，它们会发出 20~10000 赫兹的声音，各种频率用多变的节奏组合成长长的唱段，其复杂程度在整个动物界都位居前列。

孤独的吟唱者

回到故事的主角，"52 赫兹"唱的是什么歌呢？

俗话说，"到什么山头唱什么歌"，把"山头"换做"海域"，对鲸们一样适用。全世界不同海域的蓝鲸，都有属于自己群体的独特歌声。对于"情歌王子"座头鲸来说，甚至还有"流行歌曲"，这大概取决于不同时期、不同地域的恋爱潮流。

要想融入鲸群，唱歌不走调是一个最基本的要求。可是天意弄人，"52 赫兹"的歌声竟完全不在调上：它不属于人类已经记录过的任何一群鲸。其他鲸或许听到过它的歌声，但因为听不懂歌声中的意图，于是就没有回应。这倒让"52 赫兹"自身很容易被声纳系统长期追踪，相比之下，正常的鲸只能作为一个群体来进行追踪，个体之间很难区别。结果人们发现，12 年来"52 赫兹"的行踪与任何已知鲸群的运动规律都没有显著联系。

奥地利伟大的动物学家康拉德·洛伦兹（Konrad Z. Lorenz）说过，所有鸣禽都会在孑然一身、百无聊赖时唱出更多的歌，因此人们可以在笼中养鸟以欣赏它们的歌声。不过另一方面，人们也大可不必因此替鸟儿感伤，鸟儿歌唱是出于本能，唱歌让它们自己开心。

因此，"52 赫兹"这些年来到底是经日不休地诉说着孤独的悲哀，还是一路高歌为自己鼓劲助威，谁也不知道，全看人们用什么心境去解释了。

从发现"52 赫兹"至今，20 多年过去，"52 赫兹"也老了，它的频率渐渐降低，现在只有 50 赫兹左右。它到底是谁？是一头变异的蓝鲸，是两种鲸偶然的杂交后代，还是一个我们从不知道的物种的最后一员……我们唯一能确定的就是这个声音会在将来某一天彻底消失，那时如果我们还没有找到答案，就再没可能知道答案了。

歌声渐低的群鲸

鲸歌逐渐低沉，还发生在很多其他的鲸群里。对全球 7 个海域的蓝鲸的 10 种歌声长达 50 年的记录显示，所有海域的蓝鲸歌声的频率都在降低。没有人知道蓝鲸们降低歌声频率的确切原因，也许是性选择取向的变化，也许是全球变暖的影响——由于中上层海水水温升高，水中声音传播的速度提高了 0.3 米 / 秒。可能的理论有一大把，但愿有人会去关心，但愿有人能够查明。

另外，由于一些海域的噪声污染，蓝鲸不得不提高歌声的音量，才能达到原有的通信效果。总之，它们正唱得更低，唱得更响。

所幸，我们暂时不用担心这些沉重的鲸歌，会在某天像"52赫兹"的声音那样消失。捕鲸已经在大多数地方被禁止，这些巨大的生物被保护了起来，如果我们善待这颗星球，蓝色的海洋里，就会一直有鲸歌相伴，就总会有人被它们吸引，希望去听懂它们。

但愿某一天我们真能听懂鲸歌，不被自身物种的言语局限，我们在这颗星球上，才不孤独。

chapter 2

生活

安居乐业才是好日子

今天好运气，熊猫要吃鸡。吃竹子的大熊猫大家见多了，要是哪天看见它开次荤，简直比让老虎吃草还难得。呃，好吧，其实野生老虎也经常吃点儿草，所以，大熊猫开荤也并不罕见。2011 年 5 月 2 日，武汉动物园的大熊猫"希望"就把隔壁翻墙进来的孔雀——好歹也是鸡形目的，算是大公鸡一只——给活捉并咬死吃肉了。

世界自然基金会（WWF）知道了这个事儿可能会有点小不爽，毕竟大熊猫是他们的标志。WWF 在对大熊猫的介绍中这样写道："这是一种平和的、吃竹子的动物。"

其实，要搞清楚熊猫为什么吃鸡，首先要搞清楚大熊猫的身世，而这得从它的牙齿说起。

牙齿，是动物分类学家和古生物学家的最爱，因为他们发现，不同食性的哺乳动物，牙齿的形态和数目差异很大，而同种类动物的牙齿又很相似。更妙的是，牙齿坚固无比，是最容易保存下来的化石标本，这给研究动物演化发展提供了很便利的材料。

哺乳动物，除了少数鲸类外，成体牙齿的数量都在 44 颗以下，动物学家们把这些牙齿分为四类，即门齿（incisor）、犬齿（canine）、前臼齿（premolar）和臼齿（molar），它们分别起到了切割、穿刺、撕裂、研磨的功能。动物分类学家会把一种动物的牙齿种类数量用"齿式"表示出来，比如狼的齿式是 i.3/3，c.1/1，p.4/4，m.2/3。这表示上下颌每侧各有 3 颗门齿、1 颗犬齿、4 颗前臼齿和 2 颗上臼齿及 3 颗下臼齿。

大熊猫有两对锋利的犬齿，正是这两对"短刀"曾经多次把试图与之近距离接触的游客咬伤。而在四川和陕西，也经常有野生大熊猫袭击家畜家禽的报道。那这锋利的短刀是不是哺乳动物中的杀手——食肉目动物的标志呢？

食肉目，是哺乳动物里"恶汉"聚集的一个目，豺、狼、虎、豹、熊、狐、獾、貂都是它的成员。正如其名，食肉目聚集了哺乳动物里面大多数的捕食者，它们四肢发达、行动敏捷，特别是拥有尖牙利爪。养过狗和猫的朋友一定会对他们的食肉目小宠物的那两对尖利的犬齿印象深刻。

虽然很威风，在动物分类学家眼里，两对大尖牙并不是将一种哺乳动物划到食肉目门下的依据，比如跟我们人类同属灵长目的狒狒就同样拥有傲人的犬齿。科学家们关心的是上颌最后一对前臼齿和下颌第一对臼齿。所有的食肉目动物，这两对牙齿各自生出了两个锋利的尖端，当它们咬合在一起时，这四个尖恰好像铡刀一样可以切碎和撕裂任何坚韧的肌肉、韧带，这两对牙齿，也被特别称作"裂齿"。这两对裂齿，才是食肉目的标志。大熊猫拥有典型的裂齿，属于食肉目是毋庸置疑的。

压力太大，换菜单

那么大熊猫是怎样变成食肉目中罕有的素食者的呢？其实，动物的食性是经常充满弹性的。大熊猫的所属的熊科动物和亲戚浣熊科动物都有庞杂的食谱，虽然它们都生着一口标准的"肉食牙"，在动物性食物缺乏和其他食物来源充足的时候，这些胖嘟嘟的家伙会毫不犹豫地转换食谱，所以我们会看到掰玉米的熊瞎子 [亚洲黑熊（*Ursus thibetanus*）] 和在城市垃圾箱里讨生活的浣熊。

目前发现的最早的大熊猫的祖先——800 多万年前的禄丰始熊猫（*Ailurarctos lufengensis*）的牙齿化石告诉我们，这是一种"广食性"的、体形类似狐狸的动物，不过它的菜单中还罕见植物，因为它的臼齿小而且平滑，还不能有效磨碎粗糙的植物纤维。

那时候始熊猫生活在相当于现在整个东亚中南部的温暖湿润

的中低纬度林地，这里食物充足生活安逸。不久，冰期来临，原本广袤的温带和亚热带森林面积迅速缩小，退缩到现在广西、云南、贵州和中南半岛一隅。不仅仅是生存空间变小了，始熊猫还面临强悍的竞争者——那些原本生活在北方的广食性动物们也被严寒驱赶到了始熊猫的地域。

面临双重压力，始熊猫必须做出选择，要么变得更加强悍，要么寻找新的生存之道。后者是一条"捷径"，因为无论地球的哪个角落，食谱庞杂的广食性动物都是"全能战士"，广食性动物碰在一起，将会展开全面的竞争。而转换菜单，就可以避免这种竞争。于是，我们看到 200 万年前的小种大熊猫（*Ailuropoda microta*）——这是一种体形如胖狗的动物，已经拥有了粗糙宽大的臼齿，这是食草的标志。

食草的代价也是巨大的，相比肉食，植物性食物营养匮乏，特别是这个才换了菜单的家伙还没有来得及演化出一套适应植物的消化系统。于是为了满足生存需要，它们必须不停地吃。我们无法目睹小种大熊猫的生活，不过现存的大熊猫一天要花费 12~18 个小时进食，吃掉 12~38 千克的竹子。同时，它们的身体变得更加庞大和近似球形，因为这样可以降低身体散热产生的损失。

都是为了生活

100 万年前，秦岭和云贵高原都隆起了，这阻挡了来自西北寒冷的风，同时这一时期，全球气温也变得温暖起来。森林再度向北延伸，大熊猫的祖先又得到了充足的生活空间。这时小种大熊猫已经被一种体形比现存大熊猫更大的巴氏大熊猫（*Ailuropoda baconi*）代替。从牙齿来看，巴氏大熊猫已经十分接近现存的大熊猫，它们的臼齿都具备了宽大于长的"舌侧齿带"和多结节咀嚼面，几乎是彻底的食草动物。这一时期也是熊猫史上最繁盛的一段，现在的华北、华中和华南都可以见到巴氏大熊猫的痕迹，几乎在这一时期所有的猿人化石附近都可以找到巴氏大熊猫的化石。

好景不长，一万年前，又一次小规模的冰期到来，巴氏大熊猫重新退回南方山岭遮蔽的温暖峡谷之中。更不幸的是，这一时期，人类繁荣起来。人类是地球上出现过的最广食性的动物之一，上至飞禽走兽，下至树皮草根，人类无一不食。此时巴氏大熊猫已经演化成现今的大熊猫，而且体形开始变小，这往往是物种衰落的先兆。温顺的大熊猫、北方的猛犸象，以及新西兰的恐鸟，这些本已走向衰落的物种在人类弓箭陷阱和镰刀耕犁的逼迫下，要么灭绝，要么即将灭绝。

2000 年前，大熊猫在我国的河南、湖北、湖南、贵州和云南五省还可以见到，那时候人们叫它"貔貅"、"貘"、"驺虞"。而今天，除了陕西南部、四川北部和西部面积不到 6000 平方公里的隐秘山岭中还有 1000 多只野生大熊猫外，我们只能在动物园见到那些被"驯化"的国宝。

曾经转换食谱而得以在与其他广食性动物竞争中生存下来的大熊猫，现在，只能用偶尔咬人抓鸡发发"熊"威这种无奈的方法告诉我们，它们也曾有过野性的过去，它们的牙齿，仍然还是锋利的。

好品位的
素食主义狼

紫鹬

比起世界各地的其他犬科动物，鬃狼乍看上去也许并无特别之处。可是在 2011 年 1 月，一只雌性鬃狼因为不幸被车撞断了腿骨，史无前例地成为有幸接受干细胞治疗的野生动物。随着这位鬃狼妹妹以惊人速度康复的消息被网络大量转载，这个看似平凡实则神奇的物种，也许应该抓住出名的机会，和预测世界杯的章鱼哥一样，在全世界广泛搜罗粉丝。

炒作当然也是要有资本的，让我们一起来看看，鬃狼有哪些萌点吧。

　　爱仙人掌，更爱水果；爱吃素，也爱小虫和老鼠；爱昼伏夜出，更爱左手左脚地走路。不是狐狸，不是大尾巴狼；我不只是接受了第一例干细胞治疗，我不是大新闻中的配角，我是鬃狼。

鬃狼（*Chrysocyon brachyurus*）生活在南美洲的稀树高草草原，是犬科动物中身材最为高挑的。它生得一身火红的皮毛，耳朵很大，尾巴也很大，完全是"火狐"的相貌。与狐狸不同的是它的腿长而纤细，随时都像穿着黑色丝袜踮着脚走路，因此常被人称作"踩着高跷的狐狸"。"鬃狼"这个名称来自它脖子上一列深色的鬃毛，像帅气的骏马那样，这让它的形象不至于那么小家碧玉。鬃狼"踩高跷"走路的方式也很特别：身体一侧的前后腿不是交替着迈开，而是前腿后腿一起向前……俗称顺拐了。在BBC的纪录片《野性南美》里，可以看到它们灵巧跳跃着捕食的场景，这种看似滑稽的步伐，鬃狼表演起来却又不失优雅，透着一种不可名状的谐趣。

其实鬃狼的身世确实也有点扑朔迷离，它是一个单型属，也就是说这个属里面没有其他亲戚。至于它和狐狸还是和狼更亲近，现在学界没有定论。根据2005年发表的一篇基于6个基因位点的系统学研究，世界上与鬃狼血缘最近的动物是南美洲的薮（sǒu）犬（*Speothos venaticus*），其次是南美的其他犬科动物——主要是南美的狐狸，然后是包括狼和狗在内的各种与狼类似的犬科动物，最后才是欧亚大陆的各种狐狸……

　　鬃狼的食谱那是相当的另类，它以吃素为主，而且还都是高级的素食，比如各种营养丰富的果实，或者饱含水分和糖分的茎和根。当然，作为犬科的一员，鬃狼还是丢不掉捕食者的本性，所以偶尔也抓些鼠类、金龟子、蜥蜴、犰狳等小动物来开开荤。

　　尽管如此，鬃狼的食谱中常常 50% 以上都是植物：旱季时主食是巴西狼果，雨季时主食是番荔枝和仙人掌。这颇似现代城市里的一些"素食主义者"：吃素，也吃鱼肉，但吃其他肉会拉肚子……还别不信，过去动物园饲养鬃狼的时候不知道它吃东西这么有品位，全用肉食喂它，结果害人家得了膀胱结石。

　　鬃狼爱吃巴西狼果，而巴西狼果正是得名于鬃狼，英文里就叫做 wolf apple，它是茄科茄属的植物 *Solanum lycocarpum*。这是一种小树，最高可以长到 5 米，花儿就如同茄子一样的紫色，结一种金黄色的果实，看起来像西红柿，吃起来像茄子。除了名字外，狼果从鬃狼那里得到的还有更多的繁殖机会。这要从狼果、鬃狼和切叶蚁的关系说起：

　　切叶蚁是一种懂得"农业生产"的昆虫，它们收割树叶，用叶片栽培可以食用的真菌（就像人类栽培蘑菇）。而鬃狼喜欢在切叶蚁的巢穴上便便，这些便便会被切叶蚁当成"蘑菇园"的肥料搬入蚁巢内。然后，经过筛选，切叶蚁会把肥料中不需要的成分——比如狼果的种子——统一搬到蚁巢的垃圾堆上。这个过程大大增加了种子的萌发几率，从而保证了狼果的繁殖成功率。

　　大自然的巧妙总是让人惊叹！

也许食性真能决定性格，作为"狼族"的一员（虽然这还有争议），鬃狼们却少了那种"狼性"。它们不像狼那样习惯集群，鬃狼十分害羞，遇事能回避就尽量回避——以至于对人类来说，它还相当陌生。"神秘的"、"鲜有研究的"、"缺乏数据的"是描述它们的行为时常用的短语。

不过随着科技的发展，也有一部分科学家给鬃狼戴上了GPS颈环，用于跟踪它们在野外的活动，让我们终于可以对它们的"私生活"窥视一二：鬃狼是一夫一妻制的动物，它们主要在夜间活动，白天一对鬃狼会宅在它们大约30平方千米的领地上，主要负责睡觉。和所有犬科动物一样，它们用尿液的气味标记领地。和犬科动物不一样的是，它们在夜间觅食时总是喜欢独来独往，甚至夫妻都不一起行动，而是尽量回避对方。害羞如此，简直到了傲娇的程度，这一点就和猫科动物相似了。

怎么样，鬃狼不只是第一种接受干细胞治疗的野生动物这么简单吧？不论你是素食主义者、傲娇控、稀罕个高的、看身材先看腿的还是爱看同手同脚的，鬃狼都有秒杀你的潜质。好消息是：北京动物园就养着一只鬃狼，被萌到的各位，快去围观吧。

搬家搭个
"顺风车"
poguy

2011 年 4 月底，《科学》杂志刊发了一篇讲述海洋表面的漩涡对海洋深处生物群落的迁徙的影响的文章，简单地说，就是海底生物群落如何搭乘海洋表面漩涡的"顺风车"搬家的故事。作为文章的联合作者之一，我也亲见了"搬家"盛况。

大洋中脊——海底黑烟囱的发源地

这个故事先要从大洋中脊说起。大洋中脊是海洋深处的巨大山脉，那里同时也是生成新的海洋洋壳的地方。在洋中脊火山口，灼热的岩浆由地幔向上涌，逐渐冷却，结合周围已软化的岩石形成新的洋壳，新生成的洋壳挤压洋中脊两边已有的地壳，不断向外扩张，最终在板块的交界边缘俯冲回地幔去。因此，洋壳在洋中脊出生，在板块与板块的撞击中消亡，这样代谢不止。

与大洋中脊相伴的有很多的海底火山，有时候这些火山会露出海面形成岛屿，最著名的便是冰岛。尽管大洋中脊是如此巨大的地形结构，但直到 20 世纪 50 年代，通过大量的海洋调查，科学家们才对其分布有了比较全面的认识。

正是因为大洋中脊深处岩浆不断上升，所以中脊附近有一种特殊的地质奇观——热液出口——这种结构类似陆地上的温泉。它是这样形成的：冷的海水顺着海底岩石的缝隙进入洋壳的深部，接触到被岩浆灼热的岩石后发生反应。反应后的海水变成高温高压富含矿物质的水，称为"热液"。上涌的热液喷出洋壳顶部，与冰冷的海水相遇。热液冷却过程中，矿物从其中析出，并且就近沉淀在喷出口的四周，日积月累下来就形成了一个个高高低低的像烟囱般的喷口。"烟囱"喷出来的热液如果有丰富的金属离子和硫离子，当热液与冷的海水混合时，黑色的金属硫化物迅速沉淀下来，就会形成"浓烟滚滚"的"黑烟囱"；也有一些小的烟囱喷出的热液温度稍低、流速较小，且其中含有较多的硅离子和钙离子，就会成为冒出二氧化硅和石膏的"白烟囱"。

"玫瑰花园"——神奇的热液生态圈

大洋中脊不仅孕育了海底黑烟囱这样的地质奇观，更令人惊奇的是，在这个被阳光"遗忘"的角落，还存在着一类特殊的生物群落。1977年，世界著名的载人潜水器阿尔文号（ALVIN）在东太平洋的加拉帕戈斯（Galapagos）群岛洋中脊地带考察热液活动时，意外地发现了在热液出口附近，有一片甚至比热带雨林更为生气勃勃的生物群落——如雪片般密集的微生物，白色的贝、蟹，紫色的鱼、虾，最奇妙的是那里有大片大片红白相间的如同盛开的玫瑰一般绚烂的"花朵"，于是科学家们给这里取了一个美丽的名字——"玫瑰花园"（rose garden）。每一朵美丽的"玫瑰"，就是现在几乎已经成为海底热液生态系统典型代表的管状蠕虫（tubeworm）。管状蠕虫是一种大型环节动物，生活在热液口附近温度为15~20摄氏度的地方。

寂寞的海底从此因为有了"玫瑰花园"而热闹起来。

和我们常见的基于光合作用的生态系统不同，热液出口处的生态系统是基于化能合成作用的。在这个小系统中，能够利用热液里面的硫化物获取能量的细菌是最基本的生物。在这些细菌提供的能量的基础上，热液出口处还生活着多种其他生物。2007年，我也有幸乘坐阿尔文号下到2400多米的东太平洋中脊，在那里目睹了长达2米的管状蠕虫、贝类、白色大螃蟹，还有粉紫色的大丑鱼，都活得很惬意的样子。

　　美丽的事物总是短暂的，同样，靠抽热液出口的"烟"活着的"玫瑰花园"并不长久。热液出口不稳定，有时候会突然大规模地喷发。随着研究的不断深入，海洋学家们发现了一个奇怪的现象：发生比较大型的喷发时，热液出口附近的几乎所有生物都会死亡，但等喷发过去后，生物群落很快又会重新出现在新的热液出口。

　　也许你会觉着新群落的出现是很自然的现象，但其实海底生物群落中与化能合成细菌共生、处于最基础营养级的管状蠕虫要"搬个家"并不那么容易。首先，海底的温度非常低。在我们观测的东太平洋海底，水温大概为 2 摄氏度。而管状蠕虫的幼虫在这么低的温度下，并不能存活很久，大概只有一个月。另外，这些生物幼虫几乎没有游泳的能力，所以它们不可能自己游到新的热液出口。曾经认为的一个比较可能的原因是大洋中脊附近的海流把幼虫带了过去，不过，后来科学家们观测到海底的海流非常弱，距离我们观测到的喷发后又有生物出现的热液出口最近的生物群落也有 300 多公里，非常弱的海流是不可能在幼虫死亡之前把它们运到这么远的地方去的。

　　那还会有什么力量更强大的"顺风车"呢？ 2004—2005 年，我们在东太平洋中脊区域放置了 10 几个海流计，把它们都挂在锚定在海底的浮子上面，这样它们就能测量海底不同深度的海流变化。此外，我们还布放了可以测量生物幼虫数目及沉积物的仪器。通过观测，我们发现大多数时候，大洋中脊附近的流场比较弱，也很稳定，但在某段时间流速会突然反向并强度明显增强。当我们分析同时期的卫星资料时发现，在海底流速变化的时候，有一个直径 300 多公里的中尺度漩涡正好经过我们的观测点。然后，结合数值模型及生物幼虫和沉积物的观测数据，我们推测出：正是海面的那个大漩涡影响到几千米深的海底，它导致的海流让热液口的蠕虫幼虫搭上了搬家的"顺风车"。

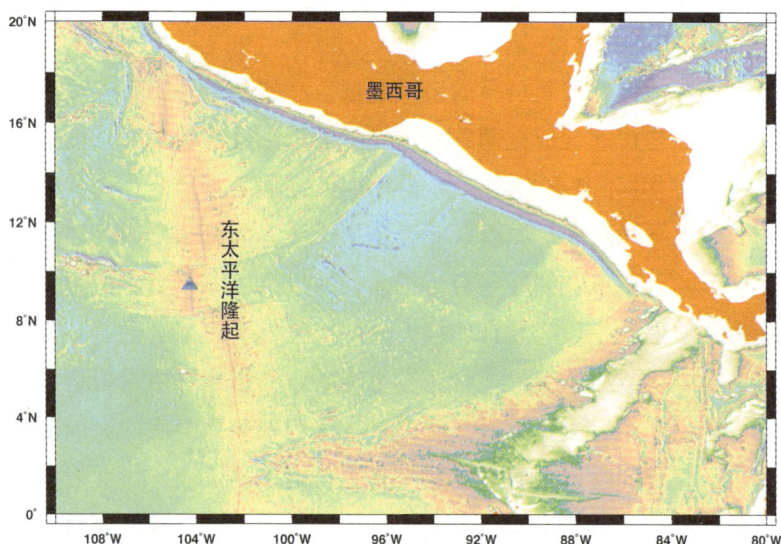

研究区域的地理位置，图中蓝色三角显示的是研究观测点。由特旺特佩克地峡海湾和帕帕加约海湾产生的中尺度漩涡影响着东太平洋海隆。

我们的工作除了解释了热液出口生物群落的迁徙问题外，还发现了另外一个问题。在太平洋东部的这些中尺度漩涡的强度和数量，跟给人类带来众多灾难的厄尔尼诺现象之间有一定关系。

这就是说，当厄尔尼诺现象发生时，不但人类会受到影响，连躲在海底几千米的生物也会通过这些大漩涡被间接地影响到。这也告诉我们，地球是一个高度耦合的系统，真算得上是"牵一发而动全身"。

　　"秋天到了，天气凉了，一群大雁往南飞，一会儿排成个人字，一会儿排成个一字。"秋天一凉，你的耳畔，可曾隐约响起小学语文课堂里那富有磁性的声音？大雁组队南飞，为什么摆的是"人"字形和"一"字形，而不是更拉风的"N"形和"B"形，或者其他更具想象力的阵型呢？你或许以为，"节省体力"一说已经得到公认。事实上，我们对鸟类编队飞行阵型的认识，远非自以为理解的那般通透。

在现有的大雁人字形编队说法中，"节省体力"的解释虽然流传最广，但其实还停留在假说阶段。到目前为止，科学家还没有确凿的证据来支持这个说法。

很早以前，人类就已经开始观察到，大型鸟类通常选择人字形或者一字形的线形阵，而小型鸟类则往往聚成一团。不过，对大型鸟类编队飞行奥秘的科学探索，还要追溯到 20 世纪初莱特兄弟刚刚开启航空时代的岁月。1914 年，德国的空气动力学家卡尔·魏斯伯格（Carl Wieselsberger）经过简单计算后首次提出大雁飞人字形可以节省能量这一假说。他认为，大雁翅膀扇动会引发尾流的涡旋，而涡旋的外侧正好是向上的气流。如果相邻的大雁刚好处在上升气漩里，那么它们的飞行就会大大省力。

这个假说从诞生那天起，就受到了鸟类学家的欢迎，但是真正能对它定量计算却是在几十年以后。1970 年，里萨满（Lissaman）和斯科伦伯格（Schollenberger）利用日臻成熟的空气动力学理论首次给出了一个估算。他们发现，与单个大雁相比，一个由 25 只大雁组成的人字形编队可以多飞 71% 的航程。他们还得出，最佳的人字形夹角为 120 度。这个研究结果是如此的激动人心，以至于如今的成功学和领导学教材上已经充斥着这个结论，用来说明领导是多么伟大，而团队工作是多么有效率。

难道说，大雁组队飞行队伍摆法的问题就要这样盖棺定论了？

且慢！里萨满和斯科伦伯格的研究，并未给出具体的计算公式和计算过程。而且采用的模型也过于简化：先是假设这些鸟不扇动翅膀，而是像固定翼飞机一样僵硬；同时也没有考虑光滑的机翼和毛茸茸的翅膀之间的区别。此后，一批更深入的理论研究证明，大雁编队飞行的能量利用率远没有文章中提到的那样高。不管此类工作如何细致，模型如何复杂，严谨的科学家们还是批评这些理论计算过于理想化。光凭理论计算，似乎无法博得人们的青睐。

　　理论计算行不通，科学家们开始另辟蹊径，研究实地观测数据中人字形夹角的度数。他们认为，如果空气动力学优势是大雁选择人字形或者一字形的唯一理由的话，那么大雁在大多数时间都应该保证人字形的夹角处于最佳或者某一个固定的数字附近，而且要避免飞成一字形，因为对称的尾迹里，一边的上升气流就会被浪费掉。但是，现实再一次无情地打击了这一假设。雷达和光学跟踪研究发现，大型鸟类飞行的人字形夹角在24度到122度范围内诡谲多变，而且飞行中还会大幅度变换角度。最让人费解的是，只有20%的飞行时间里，它们才会选择人字形，而大多数时候一字长蛇阵更受欢迎。

　　近十年来，新的技术革命又大大加深了我们对鸟类编队飞行现象的认识。

这一次，无人机控制领域的专家们跑过来凑热闹了。随着全球鹰和捕食者无人机的大量应用，控制学领域开始关注飞行器的自动导航和操纵问题了。在组队飞行过程中，大型鸟类频繁和大角度的调整飞行，还不断更换领队鸟和跟从鸟之间的相对距离却不发生碰撞。赛勒等人在研究了大型鸟类飞行的观测记录后发现，从控制学上说，这些行为的并存几乎是不可能完成的任务。不过，他们也没有把这条路完全堵死：如果编队里的成员，每一个都以领队为基准来调整自己，且编队足够小的话，这个任务还有那么一丁点完成的可能。

到目前为止，最靠谱的人字形编队具有空气动力学优势的证据恐怕就是来自维莫斯克奇（Weimerskirch）等人的实验。他们将八只白鹈鹕训练成自家摩托艇的粉丝，这些白鹈鹕只要看到摩托艇就会屁颠屁颠地跟着傻飞。通过测量白鹈鹕们飞行时的心律，研究者发现，白鹈鹕飞人字形时心率比单飞时低 11%~15%，因此他们得出鸟类飞人字形节省能量的推断。但也有批评者跳出来反驳说，群居的动物往往比孤独的动物心率要低。

总而言之，对于飞人字形究竟能否节省大雁长途奔袭中的体力这个问题，目前的确还不能下明确结论。也许，要找到这个问题的最终答案，唯一的方法就是去训练一队风洞里的大鸟。通过它们在风洞里飞行的力学数据，才可能判断编队飞行究竟有没有节省体力。

鸟类编队飞行研究，才刚上路呢

　　虽然科学家们尚不能证明人字形和一字形编队能够节省长途飞行的体力，但是这种编队形式的其他好处已经被证实了。鸟类学家发现，加拿大大雁的眼睛分布在头的两侧，各自可以覆盖从正前方往后的 128 度角的范围。这与这些大雁编队飞行的极限角度相一致。换句话说，每一个在编队里飞行的大雁都能看到领队鸟，而领队鸟也可以看见全部的编队成员。因此，这些鸟类选择人字形和一字形至少有一个确定的理由：在编队飞行中，每一只鸟都能看见整个编队，从而能够更好地进行相互交流或者自我调整。

　　鸟类编队飞行的现象虽然常见，但却非常不容易进行研究。继生物学家最早介入这一领域后，航空工程师、数学家，乃至物理学家们也都逐渐参与进来，各抒己见，包括"鸟类人字形编队源于静电场"这样更加大胆的假说，也有了亮相的机会。事实上，任何人都可以提出自己的假设，只要经得起科学实验和实地观测的验证，假说就有机会得到广泛的认可！

　　人们时不时可以在网络上看到一些报道："神农架发现千脚蛇，分开为虫，合则为蛇"，说这种蛇可以被打散变成无数小虫，过一会儿又会聚合成一条蛇，当地老乡据此认为它有"接骨"的药效……当然，任何意识清醒的人都知道，既然是由虫组成，就不能称之为蛇。这种现象，其实指的就是某些鳞翅目幼虫——俗称毛毛虫的"排队"行为。

毛毛虫"排队"，其实并不罕见

　　南非克鲁格公园曾有一条 5 米多的"一字长蛇阵"——有 136 条毛毛虫正在组队横穿马路，为此，人们还把汽车停下让它们先行通过。其实早在一百年前，法国昆虫学家法布尔就在巨著《昆虫记》里介绍了他对一种排队毛虫的观察。在《昆虫记》的中译本里，这种毛虫的名字被翻译得千奇百怪，"松树行列蛾"、"松毛虫"、"枯叶蛾"……其实，它的正式中文名叫做松异舟蛾（*Thaumetopoea pityocampa*）。松异舟蛾属于鳞翅目（Lepidoptera）舟蛾科（Notondontidae），是欧洲南部、地中海地区和北非分布最广、危害最大的一种森林害虫。它能危害几乎所有品种的松树和雪松，可以对森林造成严重危害，幼虫的毒毛还会使人畜严重过敏。近年来，由于全球变暖，这种生物不断向高纬度和高海拔地区扩散，在一些过去没有分布的地区爆发成灾，因而受到欧洲地区的广泛重视。

　　这种毛毛虫是营集群生活的，它们会在松枝间编一个大大的丝巢，然后大家一起住在里面，可以躲避寒风。小的时候，它们会先吃包在巢里的松叶，也不爱出去，是十足的宅虫。等到长壮了，天气也冷了，它们就像商量好一样，开始停止取食巢内的松叶。因为再吃的话，巢就塌了，它们就没法过冬了。

　　也就是说，在毛虫觉得吃巢内松叶得适可而止的时候，就得组团开始外出吃饭了，这时候，它们就开始排队了。每个队伍都会有个"队长"，这个"队长"是随机产生的，负责探路。如果把队长拿走，后一位就会立刻接替队长的位置。毛虫的头看着很大，好像有两个大复眼的样子，其实那只是头壳，头壳上只有10个单眼，只能感光，看不清路。所以它们主要靠触觉和味觉来探路。

之所以会选择排队前进，是因为它们都住在一个巢里，每天出外觅食后还会回到这个巢，如果分散觅食的话，会出现很多意外情况，导致幼虫不能回巢。而幼虫期正好在当地处于秋冬季节，不能及时回巢就有冻死或被捕食的危险。所以，大家排成一队是最好的选择。

那毛毛虫靠什么来排成一队呢？法布尔认为是它们自己吐的丝。毛虫只要在爬，就无时无刻不在吐丝，像醉鬼一样边走边吐。不过，毛虫吐出的液体一遇到空气就变成固体的丝，黏在了地上。每条幼虫吐的丝会黏在一起，变成一条"丝路"。长长的丝路经过阳光的照射，还会发出耀眼的光芒。

但是，近年来有研究显示，丝线并不是毛虫认路的依据。它们会一边爬，一边分泌一种"追踪费洛蒙"，大家就是据此来找到回家的路的。毛虫还能分辨出新路和老路，并选择更多毛虫走过的那条路。至于丝线，多少可能也有作用，但更多的是用于避免毛虫在光滑的枝干上打滑。而且即使切断了那条丝路，毛毛虫们也能继续前进。

但费洛蒙主要是对"队长"比较有用，对队伍里的其他成员来说，它们主要是靠触觉感触前面一条虫的刺毛来保持队形的。何以见得呢？科学家把一条毛虫的内脏剥空，只剩外皮，套在木棍上，这个外皮不能分泌费洛蒙了，但仅靠上面的刺毛就能引诱一只活毛虫跟着它走。

不过，排队的毛毛虫也有倒霉的时候。看过《昆虫记》的人都不会忘记那个著名的实验：法布尔让一列毛虫爬上一个花盆的边缘，让它们开始绕圈。憨厚的毛虫整整在花盆上转了 7 天，一共 168 个小时，行军总距离 453 米，总共绕了 335 圈！（为啥有"人体蜈蚣"的感觉……）最后还是靠一名饿晕了的毛虫偶然爬下了花盆，大家才得救。不过，自然界几乎不会出现这种情况。毛虫排队的战略，还是非常保险的。

　　除了松异舟蛾，其实还有很多集群性鳞翅目幼虫有排队的习惯。在中国，最常见到的是刺蛾的幼虫在排队。刺蛾幼虫碧绿光滑，排起队来比松异舟蛾更具观赏性。需要说明的是，毛毛虫们只在找食的路上会排队，找到食物后，它们就分散开吃了。要是继续排着队吃的话，后面的同学把茎秆一咬断，前面的队伍就拖着一条丝带集体蹦极了……

　　说起北极的动物，大家肯定首先会想到北极熊，很少人会想到旅鼠。即使知道旅鼠的人，也多半是从"旅鼠长途跋涉集体跳海自杀"之类的故事里听说的它们。在没有亲见和认识这些小家伙前，误解就已经传开了，但是自杀怎么能随便说呢，好好生活才是正经事啊。

　　旅鼠属有四个物种常年居住在北极圈内：北美棕旅鼠（*Lemmus trimucronatus*）、西伯利亚旅鼠（*L. sibiricus*）、弗兰格尔岛旅鼠（*L. portenkoi*），以及最著名的挪威旅鼠（*L. lemmus*）。最后这种个头只有 7~15 厘米的毛乎乎、圆滚滚的小家伙，就是被误会最多的那种动物了，不仅被看做是集体跳海自杀的，还被人看做"上帝的宠物鼠"，透露着上帝创造生命的某些真理……

居住在西伯利亚的雅皮克人认为旅鼠是来自天空的动物，而斯堪的纳维亚的农民则直接称旅鼠为"天鼠"。因为它们经常会在北极地区的荒野中突然大量出现，然后又突然神秘消失。雅克皮人认为这些小毛球会随着风暴从天上掉下来，直到春草开始生长时死亡。

16 世纪丹麦博物学家 Ole Worm 首次发表了挪威旅鼠的解剖结果，证实了它们和其他啮齿动物——也就是耗子——是相似的。可是这位博物学家仍然相信旅鼠是从天而降，只不过是被风从别处刮来的而非天上自然发生的。

旅鼠的神秘感来源于其大幅种群波动。尤其是挪威旅鼠，它们有明显的 3~4 年的种群消长周期。尽管生活在北极圈附近，挪威旅鼠却异常活跃，从不冬眠。冬天它们刨开雪地，依靠草根或预先储备的食物度过。挪威旅鼠繁殖非常快，出生后不到一个月就达到性成熟，比大多数耗子还厉害，因此当食物丰富、冬天短暂时，它们的种群会爆发式地增长。

如今的生态学家们都还不能建立完备的预测挪威旅鼠种群数量的模型，更不用说过去的当地人看到一大群旅鼠在短时间内突然冒出时，该感到多么错愕了吧。不过，对于依赖旅鼠为生的北极狐、雪鸮等捕食者，突然出现的大群旅鼠，的确是天赐的礼物。甚至生活在北极的驯鹿，在极端条件下也可以吃旅鼠。捕食者也是造成旅鼠种群变动的一大原因。

不得不提的是，这种种群数量常常会大幅波动的小动物，居然是爱好独处的——于是旅鼠们不能忍受鼠满为患的居住条件。传言中，旅鼠们"为了保证物种延续、控制种群大小，有组织地集群跳海"，这被解读为各种关于生死的超脱感悟。而没人能证实旅鼠是否真的组织过这样的集体行动，它们也许更愿意相互厮杀而不是自杀。最重要的是，跳海是没有用的，旅鼠会游泳……在种群爆发时，总有一大拨倒霉的旅鼠由于打不过原栖息地里的同类而被迫流离失所，离开家园慌乱地四处寻找新的栖息地。与其说这是有组织的迁徙，不如说这是集体大混乱，放在人类社会，这就是可能发生踩踏事件的危险情况……

由于旅鼠跋涉的路途中常要穿过宽阔的水面，著名的"集体赴死"场面就出现了。事实上，足够强壮的旅鼠游到了对岸，有的最终找到了新的家园，而总有些不够强壮的倒霉蛋，在游泳的过程中耗尽了体力，因此溺死、冻死。

迪士尼工作室在 1955 年将旅鼠在挪威跳海自杀的场面做成了卡通，放入了史高治叔叔的冒险系列漫画中。史高治叔叔是谁呢？它是唐老鸭的舅舅，世界上最富有的鸭子 Uncle Scrooge，又叫麦老鸭、史高治·老鸭，或守财奴麦克。就这样，"旅鼠自杀"以艺术的形象走进了大众视野，开始被包装为误导多数人的文化产品。

3 年后，迪士尼拍摄的纪录片《白色荒野》（*White Wilderness*）上映，这部展现旅鼠跳海自杀的纪录片颇受欢迎，后来获得了奥斯卡最佳纪录片奖。

国外已经有文章专门指出了很多纪录片造假的行为，包括这部影片中的旅鼠自杀场面，其实也是伪造的。影片拍摄地加拿大阿尔伯达省本来并没有旅鼠，是摄制组在北极地区购买了几十只旅鼠，并用一个转盘来制造它们持续奔跑的效果，而且因为旅鼠其实并不会跳崖，摄制组人为把它们推下悬崖，才得到了"自杀"的镜头。

为了商业和传播价值，包装和炒作一些不实传闻的做法早已有之。热爱自然的同学们要擦亮你们的双眼，辨清这些真真假假的哲学故事。

地道
保卫战
YZ

　　还记得《鼹鼠的故事》吗？机灵的小鼹鼠经常会以迅雷不及掩耳的速度挖出一个洞然后钻进去，想抓它的老鹰们则只能在外面气急败坏。这种本领看起来真好使啊，不过其实穴居动物们的生活环境不都是这么方便的：一方面，它们可以享受有洞穴居住的舒适；另一方面，洞穴那空间有限的通道又是引导敌害侵入的绝佳路径，所以洞主如小鼹鼠要是不能有效应对，就难免被瓮中捉鳖。因此洞主如果不是逃跑健将，或者狡兔三窟，就必须有本领拒敌自保。

屏障护穴行为（phragmosis）

　　《孙子兵法》就总结过攻守要义："……攻而必取者，攻其所不守也。守而必固者，守其所必攻也。故善攻者，敌不知其所守；善守者，敌不知其所攻。"就是说，攻就要攻对方疏于防守的地方，守就要守对方一定会进攻的地方，获胜的可能才大。善攻的能使敌方无处防守；善守的，能使敌方无处进攻。

　　看似简单的原则，在人类的战争中，都需要谋略加上天机才能实践得好，自然界的防守策略，更经过漫长的历史演化为不同形式。虽千奇百怪，又都在虚虚实实中实现御敌的目的。

　　首先我们要看穴居动物面临的挑战。穴居，栖身于固体材质中的洞穴或洞穴网络中。传统意义的穴居，包括以地下隧道或岩洞作为庇护所的居住方式（比如鼹鼠、土豚或者獾）；如果发挥你的想象力，广义的穴居，应当包括在各种尺度上对固体甚至半固体介质内部空间的利用，从你家厨房里蛀食坚果的象甲幼虫，到西双版纳潮湿淤泥里蠕动的鱼螈，再到内蒙古草原上在新鲜肌肉中探索天地的马蝇蛆，它们的方式都可以被包含在内。

　　对于穴居动物来说，这是由各种管道构筑和定义的世界。这些管道可以是自己啃食、挖掘和建筑的，也可以是天然形成或废弃的。无论是从外面进入，还是就在里面逛逛，大部分时候道路都是这些管状通道。相对糟糕的是，狭长的管道空间限制了逃逸，体形相当的敌人可以顺着隧道入侵你的世界。如果坐以待毙的话，就只有死路一条了，怎么办呢？

在电影《地道战》里，冀中人民为了防止敌人进入地道，手段之一是巧妙掩饰入口。即使敌人进入地道，仍然可以用各种方式堵住地道，阻断交通来限制敌人的行动。当然，如果一切防御性努力都是白费，为了保存主力，走为上策（或称战略性转移）也是不错的选择。穴居动物们也有此种智慧：增加存活率（survivorship）才是要紧事，只要能让面对敌人时的防守或避免面对敌人的躲避更加有效的方法都行。

我们先来看一看正面的防守，从最简单的情况说起：一个理想的隧道入口需要什么呢？首先，需要一个盖子，来挡住敌人。广义的盖子包括任何可以填充隧道口的结构。这个盖子或者盾牌，只要形状和洞口吻合，用具有一定强度的材料制作，就可以达到御敌的基本目的了。但是简单的盖子会有一个弱点：盖子和隧道壁之间通常都会有缝隙。缝隙可以被工具深入和扩大，捕食者的口器、身体的其他部位甚至整个身体都可以成为这样的工具；而且工具对缝隙局部所施加的力学效应会破坏盖子整体的防御。所以，盖子是可以被撬开的。怎么办呢？还需要继续改进，只要能够增加封住缝隙的机会，或是能够增强抵御破坏的能力，都是自然选择倾向于保留的。比如，外延或增厚的盖子上缘，均更好地封住了缝隙和减少了被破坏的可能。甚至在被撬动的情况下，隧道壁施与突起的边缘的反作用力在盖子内部形成反力矩，增加被撬开的难度。

然而，这样的理想盖子在自然界是不存在的，因为生命从不会拘泥于某一种简单的设计。它们只会在漫长的演化历史中，寻找实践原理与优化自我生存的平衡。自然界的工程师们，在各自不同的生境中，将简单的原理与自身的潜力发挥到极致。

　　白蚁——堆砂白蚁属（*Cryptotermes*）白蚁的兵蚁，前额强烈角质化，整个头部形成盖子状。在仅能容身的狭长孔道内，这样的头部配合发达的上颚，是巷战中正面御敌的利器。

　　蚂蚁——许多树栖的蚂蚁种类，以高度角质化的头部和强化的附属结构，守卫家园的入口，或在孔道内进行防守。而且，"头盔"的表面密布的孔洞与纤毛，能够积累杂质，从外观上伪装洞口。

　　一些蚂蚁甚至能够根据洞口大小组织足够的兵力。此外，在膜翅目类各种阻挡巢穴外部或内部洞口的行为，也往往有特化的胸部或腹部参与，比如有的种类以腹部背板为盾牌抵挡入侵者。

　　蛙类——不少树栖的蛙类在天气干旱时节以树洞临时藏身，除了逃避潜在的敌害外，这也是为了减少身体水分的蒸发。这些蛙类的头顶皮肤骨化，与头骨融为一体，外延并增生的上唇使头部形成另一种盔状。这样的结构除了成功将自身保护于掩体之内外，更能显著减少身体水分的蒸发而平安度过干旱。

　　盘腹蛛——在砂质的土壤中营造垂直地穴的盘腹蛛为我们提供了另一个登峰造极的例子——它们拥有盖子状强化的腹部，形成盾牌状的防御结构，更具有强化的外缘和刚毛。强烈角质化的腹盘外表面坚固如盾牌，为脆弱的其他身体部位提供保护。遭遇敌害时，它们能够藏身于隧道的底部，以腹盘作为防守工具。

　　生物学上，把这些以身体的一部分屏蔽或堵塞洞穴隧道的行为称为 phragmosis（来源于 phragma，意为屏障），中文大致可以翻译为"护穴行为"或"屏障护穴行为"。

　　除了以上这些身体结构高度特化的例子外，防御性的屏障行为其实以不同的程度存在于各种穴居动物中，大部分也并不依赖形态上的极端特化。北非的不少穴居蜥蜴就具有布满棘刺的尾巴，在地道中朝向洞口作为防御。一些防御或伪装性的形态也能有助于护穴，比如虎甲的幼虫就具有与环境融为一体的头部和前胸，埋伏在地面的隧道口伏击路过的猎物。

　　极端的结构特化往往反映了演化历史中与这种防御方式有关的强选择压（即演化出这种结构与行为能够带来的更高的适应性），以及更高的效率和更低的成本。

　　这里谈到的屏障护穴行为，虽然零散地记录于各种分类学和行为学文献中，但其生态学意义、机械原理以及演化过程，都缺乏系统的研究。从你家门口的大树里，到中美洲被蛀食的掉进水里的果实里，它们都在继续生机勃勃地实践以身为盾的防御。

当小鸟
挑战大鸟
紫鹬

　　据英国《每日邮报》2010 年报道，野生动物摄影师 Paul
Beastall 在挪威峡湾拍摄到了海鸥攻击白尾海雕的场面，海鸥此
举是为了保护自己的食物。展开翅膀也就一米多的海鸥从正在专
心觅食的翅展长达两米的白尾海雕的背后俯冲靠近，发起攻击。
白尾海雕显然对此没有防备，为了摆脱海鸥的纠缠，只好停止这
次捕鱼。

《每日邮报》的编辑用圣剧《大卫与歌利亚》来比喻此场景：牧羊小孩大卫因为耶和华的护佑，战胜了可怕的巨人歌利亚，赶走了侵略者，保护了家园以色列。

只不过，海鸥 VS 海雕这个故事的结局却因海鸥最终放弃纠缠而使得白尾海雕抓得鱼归。

幸亏故事里这只海鸥没有那么坚决，没有把一条鱼看得那么重。不然真有可能"鸟为食亡"了。尽管如此，我们还是要赞叹一下它最初的勇气。据观察，不少种类的海鸥都挺胆大的。

Size 不重要

鸟儿们勇于挑战的精神常常让人惊讶。身体大小的悬殊在愤怒的小鸟眼里根本不是问题，就算是最袖珍的一类——蜂鸟，也会挑战猛禽。

曾经有一只身材迷你、还不及巴掌大的红喉蜂鸟毫不顾忌对方的庞大体形，成功挑战了一只年幼的红尾鵟。这件事发生在旧金山附近的湾区，拍摄者描述一只红尾鵟幼鸟正巧停到了红喉蜂鸟的领地中，搞得这蜂鸟小哥很是气恼。于是它靠近入侵者身边，宣示主权。可谓壮哉！

红喉蜂鸟的英文名字叫做 Anna's hummingbird（安娜氏蜂鸟）。不过它的脾气可不像名字这么婉约。这种鸟在面对人类的时候都十分勇猛，对此，本人也有切身经历。故事是这样的：

那是 2009 年的西雅图，一个难得的春光明媚的日子。我去上课，在安静的校园林荫道中，远远就听见枝头有蜂鸟叫声——蜂鸟的叫声很特别，很细碎却并不清脆，像在拉一把小锯子。走了几步后，突然感觉眼前超近处一物飞掠而过，然后高高腾起，把我吓了一跳。紧接着它又从耳边再次俯冲，然后在我头顶前上方悬停，振翅的声音嗡嗡不绝。

我这才定睛一看，原来是一只雄性红喉蜂鸟，刚才那段单调的叫声一定是它在碎碎念"这是哥的地盘，这是哥的地盘，这是哥的地盘……"在它准备第三次对着我的头部俯冲的时候，我逃遁了——为了不过于打扰它的生活。

保家卫仔浑不怕

然而，更多的时候，赐予鸟类中的"大卫"们勇气与力量的，不是耶和华，也不是食物或者领地，而是巢和后代。小鸟们往往在保护巢穴时会更加坚决，甚至不达目的誓不罢休。记得小学课文里为了保护幼仔和猎狗对峙的老麻雀吧？

当然，要达成驱赶入侵者的目的，最好不是一只鸟在战斗。

美国博物学家 Alexander Skutch 在《蜂鸟的生活》（*The Life of the Hummingbird*）中描述了一种生活在哥伦比亚和厄瓜多尔的紫冕蜂鸟，这种小鸟曾夫唱妇随地驱赶了靠近它们宝宝的高冠鹰雕。鸟类学家 Millicent Ficken 在亚利桑那州也观察到了五只蜂鸟合力赶走了一只鸺鹠（一种小型猫头鹰）。

蜂鸟与入侵者的对抗，有点像和平时代战斗机对付侵入领海范围的大型敌机的情形。它们不会主动攻击，而是凭借自身高超的飞行技巧，不断地靠近敌机，与之纠缠。大型敌机灵活性远远不够，也许会因为想摆脱麻烦而被迫撤退。

使用鸟海战术对付入侵者的行为，在动物行为学里叫做mobbing，姑且翻译为"群趋防御行为"。它既可以是滋扰，也可以是围攻，都是针对捕食者，通常是为了保护后代。宫崎骏的大作《魔女宅急便》里就描绘过喜鹊成群结队地扑向被误解为偷蛋贼的琪琪。

群趋防御是一种大到海鸥和乌鸦，小到山雀和蜂鸟都会产生的行为，是它们战胜体形大于自身的入侵者的有效方法。一些不同种类但经常混群的鸟儿甚至可以团结起来，通过相似的警戒叫声发起跨物种合作。

下一次，如果再遇到这种愤怒的小鸟，我们懂的，那不是奇闻，是本能。让自己的基因延续下去的本能赐予了它们力量，通过执着和团结，看似弱小的生物也可以变得很强大。如果碰巧有相机，请把它们愤怒的身影记录下来——那是值得人去敬畏的。

在电影《阿凡达》里，纳美人可以用思想自由地控制自己的坐骑，想让它们左拐20度它们都不会拐成15度。这种"心电感应"的境界很令人神往吧？其实这种现象在地球上处处可见，只不过"被感应"的那一方生活大多很悲惨。

在地球上，与纳美人地位类似的就是各种寄生生物。一般的寄生物，比如蛔虫，只是安分守己地躲在寄主体内分享寄主的营养，不爱没事找事。但下面提到的这几位，由于有一些特殊的要求，它们学会了操纵寄主的行为，使寄主变成被"附体"的"僵尸"。

自然界有很多"僵尸"，最著名的就是冬虫夏草了。它是蝙蝠蛾幼虫被虫草菌（*Cordyceps sinensis*）侵染形成。蝙蝠蛾的幼虫生活在地下，而虫草菌的孢子会通过水渗透到地下，专门感染它们。受真菌感染后的幼虫会从地下深处逐渐爬到距地表两三厘米的地方，头上尾下而死，这样，虫草菌的子实体就可以顺利伸出地面，散发孢子传播下一代了。真菌寄生于昆虫（幼体或成虫）的情况其实非常常见，"冬虫夏草"只是一例。

"僵尸"蚂蚁

在巴西热带雨林也有类似的情况。一种新发现的真菌种类*Ophiocordyceps camponoti-balzani*，会寄生在蚂蚁身上。这种真菌寄宿在弓背蚁的大脑中，"命令"垂死的蚂蚁把自己挂在叶子上或其他稳定的高处，给真菌提供一个稳定的"孕育室"，同时也利于孢子的扩散。而且真菌会控制蚂蚁在死前紧紧抱住叶片，以免掉在地上降低扩散孢子的效果。

铁线虫与螳螂，生存还是死亡？

八九月份时，如果在水边找到死去的螳螂，很可能就是铁线虫的杰作。这种古怪的虫子隶属于线形动物门，是铁线虫纲蠕虫的总称。它的成虫寄生在螳螂或直翅目昆虫的体内。铁线虫的直径一般只有 1 毫米左右，体长却有 30 厘米！身体极其坚韧，刀不锋利都砍不断！你能想象螳螂的小肚子里盘着 30 厘米长的铁丝吗？铁线虫的幼虫在水里生活，所以当螳螂腹内的铁线虫成熟时，必须要回到水中完成产卵的任务，这时铁线虫会驱使螳螂寻找水源并跳入水中淹死，然后它就会破腹而出进入水中。若螳螂未能及时找到水池或池塘，铁线虫最后憋不住了仍会钻出，但结局是干死在陆地上，而螳螂也会因腹部受伤而死亡。像不像《异形》的情节？

更可怕的是：铁线虫偶尔还会进入人体，引起铁线虫病（nematomorphiasis）。人吃了含有幼虫的生水、昆虫、鱼类、螺类或其他食物，铁线虫会进入消化道；此外，它还会通过尿道进入人的膀胱内。虫体侵入人体后可进一步发育至成虫，并存活数年。

不过，人被寄生后不会情不自禁地跳河自杀，只会表现出尿频、尿急、消化不良、腹泻等症状。

不仅仅是动物，植物也可能会被"附体"而长出非常规的形态。生长在美国科罗拉多高山草甸的一种南芥，被锈病菌（*Puccinia monoica*）感染后，顶端的叶子会变成黄色，好似一朵毛茛科植物的黄花。这种"假花"会欺骗蝴蝶，将其吸引过来，进而将真菌的孢子带走，以达到其传播孢子，繁殖下一代的目的。

最后登场的这种生物非常限制级，请家长仔细权衡是否能给小朋友阅读！

这种寄生虫学名叫 *Leucochloridium paradoxum*，属于扁形动物门，吸虫纲，彩蚴吸虫属。它一生会寄生在两种动物体内：一种名为琥珀螺（*Succinea putris*）的陆生蜗牛和鸟类。它在胞蚴期侵入琥珀螺体内后，会挤进蜗牛细细的眼柄里，然后不断伸缩蠕动，最后蜗牛的两只"眼睛"就变成了两只"大肉虫"。而且胞蚴的身上有十分显眼的彩色条纹，蠕动起来尤为引人注目。

在寄生于蜗牛体内后，胞蚴还能控制蜗牛往高处和亮处爬。蜗牛是喜阴暗的动物，这样做是违背其天性的，但寄生虫迫使蜗牛不得不这么做，因为这样更容易被它的下一个寄主——鸟类——发现。作为一只鸟，很难不被这样一个花里胡哨的"疑似大肉虫"所吸引。当鸟吃下蜗牛后，胞蚴就进入鸟的体内继续发育，虫卵随着鸟粪排出，当新的蜗牛吃下鸟粪后，新的黑暗轮回就又开始了。

看到这里，你应该对"命运"这个词有了新的认识吧！

　　《猫和老鼠》的故事我们再熟悉不过了，汤姆奋力追捕，杰瑞
躲躲藏藏，还时不时伺机报复。每一次眼看着汤姆就要把杰瑞变
成肚里的甜点，杰瑞总是有办法化险为夷，还弄得汤姆狼狈不堪。
于是仇恨就这样累积，矛盾贯穿始终不可调和。相比之下，自然
界中的猫鼠，似乎一直都是鼠被猫欺，未曾博得过翻身的机会。

食物链中的演化战争

从人类最初为家猫家鼠设置战场至今，几万年过去了，你是否想过，老鼠们真不曾记得去"讨个公道"吗？猫们是否曾对此表示过忧虑？再往远里看，几亿年过去，捕食动物与被捕食者，食草动物与植物，嘴一张一合，生命就消失了。世仇口口相递，代代相传，谁，在复仇？

被鸡骨卡在食道的国王，为什么会归罪于女儿诅咒，而不曾考虑那是小公鸡同归于尽的壮举？被捕食动物豢养各类寄生虫做门徒，是不是为有朝一日讨个说法？珊瑚礁鱼类吞吃微生物，在体内累积雪卡毒素，是为报复食客吗？夏日里皮肤上片片日光过敏的红疹，难道不是吃绿叶菜后的报应？

出来混，总是要还的。但自然界却没那么复杂。

危机重重的自然界黑道中，食物链就是运行法则。食草动物大肆啃食植物，食肉动物捕杀这些贪婪的消费者；食腐生物分解其他生物的粪便或肉身，回归给植物做肥料。为了尽可能多吃多占，捕食者们从不怜香惜玉，吝惜猎杀本领。为降低被捕食风险，被捕食的动物植物们演化出各种自我保护的方式。快跑、钻洞，是羚羊、兔子一类的惯常做法；下毒、扎刺，对于蛇和蜜蜂来说也无不可。增强自己的逃避能力，或者提高捕食者的生存风险。

演化的军备竞赛中招数繁多，无所不用其极。生物并不需要复仇来维护物种间的公平，它们没心没肺地生长，全赖生态系统暗自记着小账，有足够长的演化史等它们相互偿还。

生亦何欢，死亦何苦？按说食草动物应该相亲相爱，可自然界又没那么简单。

除去蚂蚁、蜜蜂这样的社会性生物，生活在群体中对动物个体来说有很多潜在好处。挤在一起可以降低被捕杀的风险，凑成大群可以共同保护食物资源，或集体照应后代。但生活在群体中又不免面临各种冲突，尤其在食物资源有限，或竞争配偶时，个体间的关系更是紧张。

和人类社会相似，在动物社群中，战争也是严重的反社会行径，不仅会伤害个体，对群体利益也是一大损失。所以动物们总会设法减缓社群紧张，尽量避免冲突发生。为缓和社群关系，社会关系复杂的动物还演化出各种行为技巧。鲸豚相互亲昵，灵长类互相修饰整理毛发。和人们见面时握手、拥抱、亲吻或碰鼻子相似，在久违重逢这种很容易发生冲突的时候，斑鬣狗也会通过快速轻微的身体接触来舒缓紧张。

毕竟耗神费力，即便表达攻击行为，动物们也通常会本着有理、有利、有节的原则。在发情季节，有蹄动物群主把偷情的单身汉们赶开，到远避母兽群为止；面对领地入侵者，动物领主也就摆个恐吓的姿态吼走对方罢了。在冲突发生时，动物不像人类有那么多复杂的策略，它们不会记仇，更不懂得卧薪尝胆。对它们来说，战斗就是攻击或逃跑，结果只有胜利或败落。在冲突过程中，以及战斗后，动物们会展示一些和解行为尽释前嫌。蜘蛛猴、黑猩猩或倭黑猩猩可能相互拥抱，甚至致以亲吻。

大家都是讨生活的，还是尽量不要穷追不舍，赶尽杀绝吧。毕竟在群体中相互依赖、相互合作才是生存要义。

暴力和复仇

为了生存，动物们会尽量避免相互攻击。但作为演化的产物，一种力道反常，伤害升级甚至有点病态的攻击行为——暴力也并非人类独有。和普通的攻击行为相区分的，是暴力不接受和解或投降，只以杀死对方为目的。火蚁群、黑猩猩或狐獴会对"外来者"展开致命攻击。在熊、鼠和灵长类等很多动物中，如果碰到的雌性抚育的不是自己后代的幼崽，成年雄性为了获得交配机会，会杀死那些柔弱无力的小生命。

但作为社群冲突的特殊形式，好战和复仇，无疑是人类独有且最擅长的攻击行为。和我们的日常经验相一致：复仇是甜蜜的，但很难得到什么实在好处。神经生物学实验发现，在被背叛时，志愿者会感到很不爽，而惩罚对方时，复仇行为刺激了志愿者大脑皮层中有关"感觉不错"的脑区神经。委内瑞拉的亚诺马莫人极端好战，三成的男人死于部落间的复仇征战。20 世纪 80 年代，一项人类学研究发现，那些活着的亚诺马莫"战神"比部落里的"缩头乌龟"们拥有更多妻子和孩子。换句话说，虽然可能遭到伤害，但好战可以通过拥有更多妻子、增加子嗣数量来提高自身价值，也就是个体适合度。不过这个解释被不久前的另一项研究推翻。在厄瓜多尔更加崇尚暴力的沃然尼人中，有四成男女死于部落征战。研究者把活着和死去的人们都统计起来，发现人们并没有因为牢记血海深仇，在繁衍上获得更多好处，因为很多战神的妻儿们也通常一起惨遭不幸了。

可见"君子报仇十年不晚"这种行为策略只在人类社会中的出现，是复杂的神经和心理活动的结果，并没有什么演化优势。复仇不会给动物们带来任何进化益处，也因此不会出现在非人生物中。也许你会问，那我们所看到或听说过的那些动物报复人类恶行的故事，又是怎么回事儿呢？

动物和人的冲突

攻击甚至暴力都并非人类独有，究竟是什么引发了动物的这类行为却可能有各种原因。有人说，愤怒的大象攻击驯象师，圈养的虎鲸杀害驯养员是为了报复驯兽师之前的恐吓和控制。其实那不过是这些动物偶发的暴力行为，而对象恰好是离它们最近，甚至被它们当作社群成员的那个人而已。对于绝大多数动物而言，它们在何种情况下采取何种行为"策略"，早已由演化在该物种的基因组中事先编制好了。保护食物资源，占有交配对象以及保护幼崽是最常引发攻击行为的因素。如果环境不改变，威胁反复出现，这类攻击行为甚至可能固化为条件反射。比如前一阵流传的，一个山民掏了金雕的雏鸟，遭到金雕屡次袭击。

和自然界的物种间冲突一样，人类和野生动物的冲突由来已久。但与其他物种间冲突不同，人类活动不只是捕食与被捕食的食物链关系这么简单。伴随着人口增长和人们的生活水平提高，现代社会在野生动物保护上的成就和意识，使人们越来越关注人类和野生动物之间发生的冲突。

在印度尼西亚，叶猴、野猪、长尾猴和红毛猩猩会冲进农田毁坏庄稼；在印度的老虎保护区，村民们一成多的牲口被老虎吃掉，一成多的作物被亚洲象破坏。虽然很多灵长类恐惧人类，但有些动物却有着攻击人类的癖好。藏酋猴在峨眉山几乎占山为王；乌干达的狒狒也成了当地一霸；几内亚的黑猩猩最喜欢攻击恐吓无辜的儿童，甚至把人类婴儿从母亲怀中抢走，然后吃掉。

如果不负责任地围观，我们大可以幸灾乐祸地说，那些人是因为侵害动物活动空间活该受罪。但换位思考一下，这些辛苦耕耘的农民，又真的会比我们这些城市里五谷不分、大量耗费能源的人更加恶贯满盈到需要遭受惩罚吗？从动物角度出发，野生动物破坏农田偷吃牲畜甚至袭击儿童不过是偶发的捕食行为。非洲象为了吃到嫩芽会不计后果去推倒稀树草原上最后一棵大树，扫荡一下村庄又怎么可能是蓄谋已久的报复呢？

更多时候，因果报应之说掩盖了人与动物间的冲突真相。曾有个非洲部落的儿童屡受黑猩猩袭击，村民们认定原因是他们听从了自然保护主义者的劝说减少耕种，而因此遭到来这里找不到玉米吃的黑猩猩的报复。研究者考察了当地的植被条件，建议砍去一部分村子外围的木瓜树。而那以后，黑猩猩在村子外出现的频率就下降了。

我们人类，总戴着傲慢自负的有色眼镜去观察，自以为是地把人类感情带入别的生物，让它们演绎爱恨情仇。其实无论是《猫和老鼠》，还是《冰河时代》，讲的都只是我们自己的故事，和自然没啥关系。

陆龟打哈
欠传染吗？
紫鹬

　　还在谈论人类打哈欠会传染吗？奥地利维也纳大学认知生物
学系的安娜·威尔金森（Anna Wilkinson）和她的同伴们早已在
几年前就把这个问题搬到了红腿象龟（*Geochelone carbonaria*）
身上，并凭借发表在中国科学院动物研究所《动物学报（英文版）》
（*Current Zoology*）上的论文摘取了2011年搞笑诺贝尔生理学奖
的桂冠！虽然她们的结论是，不会。但是经过各种欢乐的实验后，
它们认为龟打哈欠不传染，很重要……

打哈欠是一种许多脊椎动物都有的行为。人们认为它至少有两大重要的作用：① 为困倦或有压力的神经提供一定程度的唤起，以利于动物保持生存所必须的警戒；② 在动物群体中提供一种交流的手段，以确保大家行动一致。即：你困了吗？我也困了，那么都洗洗睡吧……

打哈欠会传染吗？已有实验证明人类（*Homo sapiens*）在看到、听到同伴打哈欠后有 40%~60% 的几率也会打一个哈欠。并且，也有研究者在黑猩猩（*Pan troglodytes*）、短尾猴（*Macaca arctoides*）、狮尾狒（*Theropithecus gelada*）甚至狗（*Canis familiaris*）等物种中记录到了打哈欠的传染。至于这是为什么，目前假说有三：

假说一："固定反应"说。当甲看到乙打哈欠后，即刻触发了甲的打哈欠的反射，于是甲也打哈欠。这个是触发开关式的固定反应，整个过程是"无脑"的。

假说二："无意模仿"说。当甲看到乙打哈欠后，无意间也模仿了乙的动作，打了哈欠。这种情况下通常甲在独处时是不需要打哈欠的，打哈欠纯表示和乙是一伙儿的。这是社会性的动物能够表现出的。

假说三："通感"说。当甲看到乙打哈欠后，受到乙打哈欠所表现出的情绪的感染。"啊，原来我也困了 / 无聊了呢……"于是同打哈欠。这是有较复杂神经系统，能处理复杂思想情绪的动物才能做的高级事情。

于是，我们敬爱的搞笑诺奖得主，安娜·威尔金森等人为了分辨这三个假说的正确性，选择了绝佳的实验材料：看起来笨笨傻傻的一种陆龟：红腿象龟。和灵长类或者聪明的狗不同，这些家伙头脑简单，看起来不像有复杂的思想情绪，也不怎么合群，不过倒是善于观察、眼神不错的动物。红腿陆龟打哈欠要是也能传染，这只能是无脑的"固定反应"了对不对！

实验就这么华丽丽地出炉了！

手把手教你：做实验，得诺奖！

安娜和伙伴们养了 7 只还没有长到性成熟的红腿象龟（因此由于缺乏第二性征，研究者甚至不能鉴定其中 3 只龟龟的性别），这就是她们的实验材料了，她们在研究方法中写道：首先保证所有的龟都是养在适宜的温度和湿度条件下（按：这样才不会行为异常），然后保证了它们此前从未接受过类似的实验⋯⋯嗯，一切就绪了。

实验的第一个难点是，要让打哈欠在龟龟中传染起来，必须要有一只先打哈欠的龟龟。虽然龟龟们会打哈欠，但这也不是想打就能打的。于是，安娜等人花了 6 个月的时间先用食物的诱惑，把其中一只叫做亚莉桑德拉（Alexandra）的萝莉小龟调教成看到红色的方块就会做出张嘴、仰头的动作，至少它看上去和龟龟打哈欠没什么区别⋯⋯虽然，其实这是想吃东西的动作！严肃地说，这是人工诱导建立的一个条件反射，参见巴甫洛夫和狗的故事。但是，这已经是我们能做到的最好了，不是吗？

这下万事俱备，东风也有了，实验正式开始！安娜等人把亚莉桑德拉放在一个缸子左边，用红色的方块让她表演打哈欠。与她透明的一墙之隔的缸子右边放了另一只龟，作为"被试"。安娜等人只在被试真的在看亚莉桑德拉打哈欠时才记录数据，记录的数据是5分半钟内被试打哈欠的次数。

为了排除实验操作本身对被试的影响，安娜等人还专门设置了两个对照组：一个是缸子左边只放亚莉桑德拉，但不让她表演打哈欠（如果她真的打了，数据作废重新来过）；另一个是缸子左边没有亚莉桑德拉，但放出那个调教她的红色方块。这样就有了一个实验组、两个对照组，且这3组操作要重复3次，每个被试的每次操作都是在每天午后相似的时间进行，还要随机打乱不同操作的次序……也就是说，完成被试们的实验需要至少9天时间！科学的严肃与崇高与美，体会到没有！

这就是安娜们论文中的"实验一"，结果是，不论是实验组还是两个对照组，被试都很少打哈欠，实验组和对照组没有统计学显著的区别。

然而，安娜等人并没有就此罢手。因为文献中别人的相关研究通常都用多个哈欠来诱导被试产生反应，是不是在实验一中，亚莉桑德拉只给每个被试表演一次哈欠是不行的？因此，有了实验二。

实验二，包括对照组之内的一切设置同实验一，不过亚莉桑德拉要在一分钟内表演打两个以上的哈欠。同时，记录被试的反应的时间从5分半变成了3分钟。5分半其实是文献中前人的研究常用的一段时长，至于为什么在实验二中被缩短，因为安娜等人担心被试长时间在这个舒服的缸子里真的会困，这样就难以排除它们因为困倦而打的哈欠了（喂，是你们自己困了吧……）。

实验二的结果，同样地，被试都很少打哈欠，实验组和对照组没有统计学显著的区别。

两轮实验下来，至少又是将近一个月过去了。在我们正常人几乎就可以做出"红腿陆龟打哈欠不会传染"这样的结论时，严谨的科学家安娜们又想到了一个问题：是不是因为亚莉桑德拉表演的打哈欠与真正的打哈欠还是有区别的呢？被试也许真的没有意识到它们是在看一只龟龟打哈欠呢！于是，她们又设计了实验三。

在实验三中，缸子左边的亚莉桑德拉换成了一台笔记本电脑。被试们看到的，是电脑屏幕上的亚莉桑德拉出演的视频。这视频包含三段内容：亚莉桑德拉被诱导表演打哈欠的录像、亚莉桑德拉真的在打哈欠的录像、空缸子的背景。每段内容重复 2 遍，并且每段内容被剪成了同样的时长，中间用白屏颜色隔开……然后其他一切实验操作同实验二。

实验三的结果，好吧，被试们还是不怎么打哈欠。被试们观看三种视频片段后打哈欠的次数没有统计学显著的区别……

请不要小看搞笑诺贝尔奖的得主，和正经诺奖得主一样，他们都是受过严谨正规的科学训练的。除了研究的课题可能略嫌奇怪外，搞笑诺奖的科学精神不容置疑，也是值得我们认真学习的。我们正在看的这个例子，既有科学的一丝不苟，又有科学人的坚持不懈。何况，这可是发表在中国学术期刊上的文章呢，是我们走向世界、为诺奖作贡献的又一重大成果！

虽然，安娜等人承认：无论是看视频，还是看调教后的亚莉桑德拉表演打哈欠，都没有真正打哈欠时的吸气、呼气的过程，因此被试们也许还是不认为它们正在看到一只红腿象龟打哈欠。但是，至少视觉效果上，安娜等人的实验中的哈欠还是打得惟妙惟肖的，而且前人的研究也证实，红腿象龟会对其他视频中的视觉刺激产生反应。因此这个研究并非没有意义。

如果被试们真的认为自己在实验中看到了一只红腿象龟打哈欠，而它们自己没有跟着打，这至少证明了动物打哈欠不是一种一触即发的固定反应，即"打哈欠会传染假说一"是不成立的。这样一来，打哈欠传染就只可能是具有社会性或者更复杂的认知、情感意义的活动了，也许真的只会在灵长类和其他大脑复杂的动物中出现，打哈欠的生理学、行为学和生态学意义又被提高了！

读到这里，你打哈欠了没呢？

chapter 3

娱乐

做明星，亦我所欲也

太阳冉冉升起，在巴西里约热内卢附近的雨林中，一只头顶红色的长尾小鸟——线尾侏儒鸟[也叫线尾娇鹟（*Pipra filicauda*）]轻盈地跃下枝头，在茂密的林间上下穿行，一路惊起各种鸟儿：乔科巨嘴鸟（*Ramphastos brevis*）排着队走出树洞；啸鹭（*Syrigma sibilatrix*）、棕颈鹭（*Egretta rufescens*）等鹭鸟在树上开始摇摆；华丽军舰鸟（*Fregata magnificens*）鼓起了红色的喉囊。

热情的气氛迅速在雨林间传递。红绿金刚鹦鹉[也叫小金刚鹦鹉（*Ara chloroptera*）]，红肩金刚鹦鹉（*Diopsittaca nobilis*），黄蓝金刚鹦鹉[也叫琉璃金刚鹦鹉（*Ara ararauna*）]在林间跳起欢快的舞蹈。红绿金刚鹦鹉在林间穿梭，经过高大树木的一个洞巢。洞巢中年幼的蓝色小鹦鹉也被吵醒，它一边摇摆着刚刚长出来的尾羽一边向外观看，附近的树上，三只金色鹦哥（*Guarouba guarouba*）正开始在母亲的鼓励下从巢中学飞……

这是电影《里约大冒险》（*Rio*）的开始。然而，这欢快的场景却突然被偷猎者打断，一群群鹦鹉被关入笼中，蓝色小鹦鹉也在一片混乱中从洞巢中掉落，被偷猎者抓进笼子。这只小鹦鹉的命运就此改变。

最后的小蓝金刚鹦鹉

这只蓝色的小鹦鹉所属的物种是小蓝金刚鹦鹉（*Cyanopsitta spixii*，也叫斯皮克斯金刚鹦鹉，以发现该种鹦鹉的德国博物学家 Johann Baptist von Spix 命名），是一种极度濒危的金刚鹦鹉。比起常见的红绿金刚鹦鹉或者蓝黄金刚鹦鹉，小蓝金刚鹦鹉体形小不少，体长只有 55~57 厘米。

由于栖息地的消失、人类的捕猎以及人类引入的非洲化蜜蜂（Africanized bee，1956 年巴西引进的西非蜜蜂逃逸后与欧洲蜜蜂杂交形成的杂种蜜蜂，攻击性强，被称为"杀人蜂"，这种蜜蜂有时和小蓝金刚鹦鹉在同一棵树上做巢，会攻击并杀死小蓝金刚鹦鹉）的影响，小蓝金刚鹦鹉数量在 20 世纪 70 年代急剧下降。80 年代，人们开始担心小蓝金刚鹦鹉已经绝迹，在 1990 年的时候，科学家们只在野外找到了一只雄性个体。

为了拯救这个物种，人们试着为这只野外唯一的雄性小蓝金刚鹦鹉找对象。最初与他配对的是一只雌性蓝翅金刚鹦鹉（*Propyrrhura maracana*），也许由于跨物种繁育难度太大，蛋里的胚胎还没发育就死去了。科学家们又找到一只人工饲养的雌性小蓝

小蓝金刚鹦鹉（*Cyanopsitta spixii*），也叫斯皮克斯金刚鹦鹉。

金刚鹦鹉，希望能够俘获他的心。可没过多久，这只雌鸟就或许是因为撞上了高压线而不幸身亡了。从此，小蓝金刚鹦鹉就成为世界上最濒危的鸟类之一。

布鲁去相亲

电影中的小鹦鹉被动物贩子卖到美国，无意中被一个小女孩捡到，并取名为布鲁（Blu）。它和小女孩琳达一起生活了15年，成为一只没有学会飞但是每天都很开心的宠物鹦鹉。直到鸟类学家图里奥（Túlio）从6000英里外赶来，告诉他们，布鲁是世界上最后一只雄性小蓝金刚鹦鹉，他希望布鲁能去巴西"相亲"，来拯救这个物种。

一到里约，布鲁立刻感受到了当地鸟儿的热情。还在去鸟类庇护所的路上，两只当地的小鸟，佩德罗（Pedro）和戴着啤酒瓶盖子的尼科（Nico）就开始和向这位美国来的蓝色大鸟热情攀谈，当他们知道布鲁是来相亲的时候，更是鼓励布鲁要鼓起勇气来。

剧中的佩德罗和尼科分别是冠蜡嘴鹀 [也叫红冠蜡嘴鹀（*Paroaria coronata*）] 和 金丝雀（*Serinus canaria*）。冠蜡嘴鹀是地道的南美本地的鸟儿，分布非常广泛。这种鸟英文名（Red-crested Cardinal）直译为红冠主红雀，大概是因为它们的头部的确像主红雀（*Cardinalis spp.*），因此最早被分到了主红雀属所在的美洲雀科下，之后又被移到鹀科，而近年来的研究则认为这种鸟属于裸鼻雀科，典型的南美鸟类。

而金丝雀原产北非西部海域的加纳利群岛，因此金丝雀的英文名称为 island canary（岛金丝雀）。金丝雀被欧洲人发现并作为笼养鸟带到全世界，现在已经是各处都可见到。这大概也是它会出现在里约热内卢的原因。金丝雀不仅颜色美丽，鸣声也相当优美，而在片中具有优美歌喉的尼科正体现了金丝雀的特点。

相亲不成反陷入困境

在里约的鸟类庇护所，布鲁在这里见到了相亲的对象——珠儿（Jewel），雌性的小蓝金刚鹦鹉。

和布鲁不同，珠儿是一只真正的野生小蓝金刚鹦鹉。一见面，两只鹦鹉便体现出了性格的不合：珠儿一直想着从这个人造的环境中逃出去，而布鲁却认为这里是非常好的笼子。

夜间，庇护所的一只葵花凤头鹦鹉用乙醚麻醉了保安，协助小偷偷走了布鲁和珠儿。原来这只葵花凤头鹦鹉——奈杰（Nigel），是混入庇护所的卧底——装作是从鸟贩子那里救来的虚弱的鸟，帮助鸟贩子偷走珍稀的种类。

葵花凤头鹦鹉（*Cacatua galerita*）原产于澳大利亚和新几内亚，作为宠物被带到全世界各地，大概是最著名的凤头鹦鹉之一。事实上，葵花凤头鹦鹉的性格非常友好，并不似影片所描述的大反派。葵花凤头鹦鹉的适应能力很强，在新加坡等国家，一些逃

红冠蜡嘴鹀（*Paroaria coronata*），地道的南美本地的鸟儿。

葵花凤头鹦鹉（*Cacatua galerita*），其实性格很友好。

逸的葵花凤头鹦鹉已经适应当地的自然环境生存下来，而在澳大利亚，也有一部分葵花凤头鹦鹉在城市中生存下来。在影片中，奈杰会在愤怒时将"葵花"状的羽冠展开，这也是这种鹦鹉的特点。

　　故事继续，布鲁和珠儿被带到鸟贩子那里，他们看到了非常恐怖的场景——数以百计的各种鸟被关在笼子里，有的笼子甚至被塞得满满的，一些鸟儿已经失去了理智。布鲁和珠儿第二天就要和这些鸟儿一起被卖走。失去布鲁的琳达伤心欲绝，她和图里奥疯了一般在里约寻找布鲁。而帮助鸟贩子偷走布鲁和珠儿的那位当地少年——费尔南多（Fernando）——开始为自己伤害了这两只鸟儿感到非常难过。

　　这个场景确实反映了野生鸟类偷猎和贩卖的现状。在这个过程中，大量的鸟儿会死去。一些数据认为，最终只有5%~10%的鸟儿能活着被消费者买走。另外，在国际野生动物盗猎和走私的过程中，野生动物贩子常常雇佣熟悉环境的当地人帮他们抓捕野鸟或者其他野生动物，一些当地人会为了眼前利益不惜牺牲当地的自然资源。他们得到的报酬只是野生动物非法贸易中非常小的一部分，而他们却破坏了自己的家园和世世代代相伴的野生动物。

　　故事继续：布鲁利用自己的知识逃出了笼子，和拴在一起的珠儿逃离鸟贩子的仓库。正当珠儿要和布鲁一起飞走的时候，她才发现，这只美国来的同类是不会飞的。这时，鸟贩子和葵花鹦鹉奈杰从后面追来了。布鲁再次发挥在人类那里学来的本领，和珠儿避开了奈杰的追捕。而在第二天清早，两只鸟又受到一群小巨嘴鸟的攻击，幸亏这群小巨嘴鸟的父亲拉斐尔（Rafeal）及时

119

阻止。

拉斐尔是一只鞭笞巨嘴鸟 [鞭笞鵎鵼（*Ramphastos toco*）]，最有名的巨嘴鸟之一。巨嘴鸟是啄木鸟的近亲，属于鴷形目（Piciformes），他们全部分布在中美洲和南美洲。鞭笞巨嘴鸟这看似巨大的喙实际上只有约 20 多克，轻似海绵却非常坚硬。鸟类学家曾经认为这样的大嘴是为了捕食鱼类，而实际上，巨嘴鸟主要的食物是水果，偶尔会捕捉昆虫和蜥蜴。最近的研究表明，它们巨大的嘴的另一个作用是散热。

另外，片中一个有趣的情节是，拉斐尔的妻子是另外一种巨嘴鸟——厚嘴巨嘴鸟（*Ramphastos sulfuratus*）。大部分的巨嘴鸟雌雄都是长得一个样的。

故事还在继续，拉斐尔要帮助布鲁和珠儿摆脱将他们拴在一起的链子，于是带他们去找自己的朋友路易兹（Luiz）。在路上，他们又再次碰到了佩德罗和尼科，以及一大群兴高采烈去参加里约热内卢狂欢节的鸟儿。葵花鹦鹉奈杰为了帮助鸟贩子抓回两只珍稀的小蓝金刚鹦鹉，去找了当地的猴子小偷团伙。这些小猴子利用可爱活泼来骗取人类的关注，趁机偷盗。

这种小猴子是普通狨（*Callithrix jacchus*）。狨是南美的灵长类，他们大多体形很小，在影片中，他们体形比很多鸟儿都小。而实际上，普通狨成年的尺寸也不到 20 厘米（不包括尾的长度）。这种新大陆的小猴子，既被当成宠物，也是常用的实验动物。另外一点值得注意的是，这种狨猴原本主要分布在巴西东北部，1929 年发现他们已经扩散到里约，成为当地的入侵物种，给当地很多鸟类带来威胁。在里约热内卢，是禁止人们喂养这种猴子的。

厚嘴巨嘴鸟（*Ramphastos sulfuratus*）。

故事终于到了尾声，狨猴们迅速找到了两只鹦鹉，要将他们带给奈杰，正当鸟儿们退却之时，一只粉红琵鹭（*Ajaia ajaja*，因嘴似琵琶而得名）站出来，带领鸟儿们一起打败了狨猴。

布鲁和珠儿在拉斐尔、佩德罗和尼科的帮助下找到了路易兹，和他们想象中不同的是，路易兹是一只斗牛犬。虽然路易兹用车床切断拴着布鲁和珠儿的链子的计划没有成功，他的口水却成了润滑剂，让布鲁和珠儿都从链子的脚环中脱出来。

经过这场冒险，珠儿和布鲁已经喜欢上了对方，珠儿要回到自然中去，而不会飞的布鲁仍想着回到琳达身边。两只鸟心里依依惜别，嘴上却很强硬。另一方面，奈杰也准备好了诡计要将他们再次抓给鸟贩子。这对最濒危的小蓝金刚鹦鹉命运会如何，最终会不会走到一起呢？大家还是自己欣赏这部《里约大冒险》吧。

电影中出现的小Bug

（1）影片开始的布鲁形象是一只已经长齐蓝色羽毛，只是体形很小的小蓝金刚鹦鹉。实际上鹦鹉在雏鸟的时候几乎没有羽毛，随着羽毛的生长，体形也会逐渐长大到和成鸟差不多。同一场景中的金色鹦哥也有同样的问题。

（2）住在布鲁的洞巢上面的金色鹦哥的巢是直接建在树枝上的，而事实上，金色鹦哥也是在树洞里做巢的。

（3）电影中的鹦鹉的脚是前两趾后一趾，实际上鹦鹉的脚是前二后二的对趾形足。

鹦鹉聪明
又脆弱
Tatsuya

　　前面说到了名为布鲁（Blu）的宠物鹦鹉——不，布鲁强调自己是伴侣动物（companion animal），不是宠物。它待在笼子里才舒服，不会飞，爱喝高热量棉花糖巧克力，在屋里玩着各种杂耍，甚至喜爱读书看报……总之，它宅属性和 geek 范儿十足。不过，这一切在布鲁被告知自己可能是世界上最后一只雄性小蓝金刚鹦鹉后发生了改变，它踏上了去里约相亲的冒险之旅……

《里约大冒险》有真实的背景。布鲁所属的种类，小蓝金刚鹦鹉，或者叫做斯皮克斯金刚鹦鹉，确实是世界上最濒危的鹦鹉种类之一。电影中的情节，很可能来源于下面这个故事。

美国的鸟类学家乔安娜·伯格（Joanna Burger）博士曾经在 2002 年出版的《我的鹦鹉老大》（*The Parrot Who Owns Me*）中讲过一个故事："科学家曾经发现被认为是全世界仅存的一只野生小蓝金刚鹦鹉，为了延续这个物种的血脉，他们为这只雄鸟找了一只不同种的女伴，希望他们能生下爱的结晶。结果是徒劳无功。之后好不容易找到了另一只人工饲养的雌小蓝金刚鹦鹉，将她带到位于巴西东北部的巴西亚省雄鸟栖息地野放。科学家们期待她能掳获雄鸟的心，顺利产下后代，没想到最后雌鸟竟然不知去向。"

大家可以去读读这篇文章。这里要说的，是更多好玩而且需要爱护的鹦鹉。

鹦鹉可能在五千万年前就已经出现在地球上。鸟类学家将鹦鹉所属的类群命名为鹦形目（Psittaciformes）。现生的鹦鹉，根据物种数据库网站 Species 2000 最新的记录有 367 种，一般认为鹦形目分为凤头鹦鹉科（Cacatuidae）和鹦鹉科（Psittacidae），也有将新西兰的啄羊鹦鹉（*Nestor spp.*）和鸮鹦鹉（*Strigops habroptilus*）列为单独的一个科（Strigopidae）的。鹦鹉的体形最小的要数生活在新几内亚低海拔雨林中的棕脸侏鹦鹉（*Micropsitta pusio*），这种娇小的鹦鹉仅有约 8 厘米长、10 克重，在其栖息地，虽然不难遇到他们，但因为其体形太小，经常是只闻其声，不见其踪；而生活在南美最大的紫蓝金刚鹦鹉（*Anodorhynchus hyacinthus*）体长可达 1 米，体重达 1.7 千克，这种大型的鹦鹉在成年后，几乎没有人类以外的天敌。最重的鹦鹉是鸮鹦鹉，体重可达4千克，这种圆圆胖胖的鹦鹉的翅膀和龙骨都已经不发达，是真正不会飞的鹦鹉，只能够爬到树上去。它们在夜间才活动，用出色的嗅觉寻找喜爱的果实和种子。

在影片的开始，我们可以看到各种鹦鹉在南美森林里跳着优美的舞蹈。以巴西为代表的南美洲是鹦鹉种类最多样的区域，仅巴西就分布有约70种鹦鹉；其次是澳大利亚和太平洋诸岛，其中澳大利亚是凤头鹦鹉的主要分布区域。

典型的攀禽

鹦鹉的共同特点是它们都有强有力的弯曲的喙、强壮的腿和爪。鹦鹉的脚趾是两前两后的对趾型（鸟类一般每只脚四趾，第2、3趾向前，1、4趾向后为对趾型足）。这些特征都是它们作为典型的攀禽的特征——非常善于攀爬。

影片中，不会飞的布鲁无论在主人琳达家里还是在与相亲的雌鹦鹉珠儿逃跑的过程中，都表现出极高的攀爬技巧。用喙和脚一起，鹦鹉都擅长这样的攀爬。前面提到的不会飞的鸮鹦鹉，行动就主要靠攀爬，翅膀仅仅用于从树上滑翔落地和跳求偶舞蹈的装饰。

除了攀爬以外，鹦鹉的爪也特别善于抓握，影片中的主角和反派的鹦鹉都不时抓握起某种工具，或者用一只爪握住食物送到嘴边，特别是反派的那只葵花凤头鹦鹉奈杰（Nigel）抓着一根骨头敲打笼子的场景令人印象深刻。一些鹦鹉会抓握一根羽毛给自己搔痒，也有家养的鹦鹉会学习使用勺子，最大的凤头鹦鹉之一的棕榈凤头鹦鹉会抓握树枝敲打树干宣示领地，吸引雌性，另外一些凤头鹦鹉会抓握一些石子或树枝抛掷出去驱赶捕食者。对澳大利亚鹦鹉种类的一项研究表明，鹦鹉在使用爪子抓握食物的时候，也会有"左撇子"、"右撇子"，成年的鹦鹉总是偏好使用一直习惯使用的一只。

绝大多数的鹦鹉是树栖型的，大多也在树上做巢，而强有力的喙也是它们做巢的有力工具。在自然界中，除了啄木鸟，就属鹦鹉最善于在树上制作洞巢。这可以举一个例子，一本关于鹦鹉的书《鹦鹉查理》中记述了生活在香港的一位外国记者饲养的葵花凤头鹦鹉，这只鹦鹉将作者庭院中的一棵苹果树掏成一栋"别墅"：包括至少四个大"房间"和大约二十个"小房间"，三个出口和好几扇"窗户"，最终这棵树不堪如此庞大的工程，在"一个狂风大作的寒冬的早上崩塌了"。

聪明长寿的鸟儿

在影片中，布鲁早上会学着闹钟的叫声唤醒主人，在逃跑过程中，也会学狗的叫声吓走街猫。模仿别的声音的行为，在很多种鸟类中都有发现，而鹦鹉的发音能力和模仿能力则最为人所知。乔安娜·伯格博士在书中提到非洲灰鹦鹉（*Psittacus erithacus*）

能发出近 200 种不同的声音。其中 23% 左右的声音，是来自于模仿其他 9 种鸟类和一种蝙蝠的叫声。

另一位美国鸟类学家艾琳·佩珀伯格（Irene Pepperberg）博士曾经通过研究鹦鹉模仿人类的语言来探索动物是否和人类一样有意识。她所研究的一只非洲灰鹦鹉亚历克斯（Alex）能够说出超过 80 种不同的物体、7 种不同的颜色及 5 种形状的单词，并能清楚地用所学的单词组成有意义的短语，来表达自己的想法。如果它想要一块绿色的积木，它就会说出来"绿色的积木"。因此，佩珀伯格博士相信鹦鹉模仿能力并不仅仅是简单的模仿，而是可以了解所模仿的一些声音的含义，甚至认为鹦鹉的智慧不亚于海豚和黑猩猩。

在她记述亚历克斯的书 *Alex and me* 中记录了一个故事，亚历克斯在学会了樱桃（cherry）和香蕉（banana）后，总是没有学会苹果（apple），而是自己造了一个词"ban-erry"用来表达苹果的含义。佩珀伯格博士猜测可能 Alex 觉得苹果外观像樱桃，而口味像香蕉吧。

在影片中，布鲁非常善于利用自己的智慧逃脱，甚至掌握很多物理学原理。虽然现实中的鹦鹉不懂物理学原理，但它们却也是善于学习的鸟类。鹦鹉和很多智慧的动物有一个共同特点就是会和父母生活数年之久，在这数年中尽可能学习父母的生活技能。这也是影片中年幼的布鲁被琳达收养 15 年后学到了很多人类的生活习惯的原因。

而这里也体现了鹦鹉的另一个特点——长寿。数量最多、最常见的小型鹦鹉——虎皮鹦鹉也可以在人工饲养的条件下活到 10 年以上；而大型的金刚鹦鹉在人工饲养的条件下寿命可达 100 年，据说丘吉尔饲养的琉璃金刚鹦鹉（*Ara ararauna*）"查理"的寿命已经超过了 100 岁，而在这样的长生命中，鹦鹉具有非常好的记忆力也是其生存所需。布鲁在一群鸟包围着的桑巴舞蹈中，也唤起了自己幼年的记忆，跳起热情的舞蹈。

残忍的宠物贸易

正因为有聪明、长寿的特点，鹦鹉成为人们需求量巨大的宠物。在影片的开始，我们就看到在雨林中各种美丽的鸟儿的舞蹈被偷猎者打断，大批的鸟儿被抓住，在这个过程中不小心掉出巢的布鲁就被偷猎者抓走，走私到明尼苏达州，被好心的琳达收养。而他踏上里约的相亲之旅后，再次被鸟贩子偷走，开始惊险的旅程……

现实中对鹦鹉的偷猎比影片中展示的还要残酷和残忍得多，偷猎者不仅捕捉成年鹦鹉，更喜欢捕捉可以很容易被人驯化的小鹦鹉。因为很多鹦鹉的洞巢都在高大的树木上，偷猎者甚至不惜将树砍倒，即使这一窝小鸟只能有一只存活。每一年，全世界合法交易的鹦鹉就可以达到 100 万只，而不为人知的走私更加严重。驱动这些的是巨大的利益，紫蓝金刚鹦鹉之前可以卖到 3 万美元，而中国西南地区和海南有分布的绯胸鹦鹉运到北京，价格可以翻10 倍。对于偷猎者来说，几只鹦鹉带来的收益比他们辛苦耕种一年的收入还多。正是人们将这些聪明的鸟儿变为自己的宠物或者为了收集珍稀鸟类的贪欲，对鹦鹉造成了巨大威胁。

鹦形目所有种，除了人工驯养的桃脸牡丹鹦鹉、虎皮鹦鹉、鸡尾鹦鹉和红领绿鹦鹉外，都受《濒危野生动物植物种国际贸易公约》（CITES）保护。其中列入该公约附录 I，严禁国际商业贸易的鹦鹉有近 60 种，几乎囊括了所有的大型鹦鹉。

实际上，已经人工驯养的虎皮鹦鹉和鸡尾鹦鹉，也非常聪明可爱。自 1890 年澳大利亚停止出口野生的虎皮鹦鹉（*Melopsittacus undulatus*）之后，它们已经被人工繁育 100 多年，培养出多个颜色品种，成为全世界饲养最普遍的合法宠物鸟，一只叫 Puck 的虎皮鹦鹉创下鸟类模仿人说话的单词数量之最——1728 个。

如果你真的喜欢鹦鹉并想养一只做伴，不需要购买珍稀的野生鹦鹉，一只像 Puck 这样的小鹦鹉足以带给你很多的乐趣。

鹦鹉的未来？

鹦鹉不仅面临被非法捕捉，栖息地的破坏和消失也是对很多种类鹦鹉的巨大威胁。鹦鹉种类最多的南美热带雨林已经受到严重的破坏。此外，鹦鹉还面临外来入侵种的威胁。在新西兰，除蝙蝠外原本没有任何陆生哺乳动物，正是这样的环境，演化出鸮鹦鹉这样不会飞的鹦鹉，而人类引入的袋貂和貂类（原本为了控制兔子而引入），还有猫等外来物种对当地物种大肆捕猎，曾导致鸮鹦鹉数量下降至 50 多只。即使经过人们对鸮鹦鹉的大力保护工作，目前鸮鹦鹉也仅有不到 200 只。

《里约大冒险》的结局是美好的，布鲁和珠儿最终相爱，并在保护地中繁衍后代。但现实并不如此，目前野生小蓝金刚鹦鹉可能已经灭绝，仅有一块栖息地未彻底调查。目前人工饲养的小蓝金刚鹦鹉约有 100 只，其中约 80 只在巴西政府的育种和恢复项目中。它们是这个物种最后的希望。

　　最后，我们希望观看这部影片的朋友，不要因为片中鹦鹉的可爱而去购买不合法的鹦鹉或其他鸟类作为宠物。如果你已经有一只宠物鹦鹉，请善待它，鹦鹉比猫或狗更需要主人的关心和照顾，并且你的鹦鹉可能会伴你一生。鹦鹉是集智慧、美丽于一身的鸟儿，是数千万年伟大自然演化的神奇造物，不要让它们因为人类而在地球上消失。

　　在《哈利·波特》系列作品里，猫头鹰是响当当的名角儿，聪慧、善记忆、飞行本领高超，它是当之无愧的信使。现实生活中，猫头鹰指的是鸟类中鸮（xiāo）形目这一肉食性鸟类，它们多属于夜行性猛禽。如果现实中的麻瓜想拿它当宠物，它可能会发脾气，跟你急：别跟我玩真的！

　　在笔下的魔幻世界里，有很多神奇的生物。其中，亮相最多的就数各种各样充当信使的猫头鹰了。

信使猫头鹰，魔幻世界的名角

在 J. K. 罗琳笔下，巫师的宠物一定程度上都体现了主人的个性，而猫头鹰除了充当宠物，更重要的功能在于为魔法师传递邮件，所以每只猫头鹰的种类、个性气质也因主人的特点而不同。

哈利·波特的信使海德薇（Hedwig）是一只高贵的雪鸮（*Bubo sdiacus*），浑身雪白，善解人意，会乖巧地低下头接受主人的爱抚，还会瞪着大眼睛表示惊慌失措；罗恩家的猫头鹰信使埃罗尔（Errol）则是一只老糊涂的乌林鸮（*Strix nebulosa*），总是冒冒失失地撞上窗玻璃或天花板；还有马尔福家养的雕鸮（*Bubo bubo*），高大威猛，浑身上下透着贵气和威风；而仅仅出现在原著中的迷你猫头鹰，小天狼星送给罗恩的小猪（Pigwidgeon），根据官方海报来看，是只个性迷糊、容易兴奋的北方白脸角鸮(*Ptilopsis leucotis*)。

在哈利·波特的故事里，猫头鹰具有躲避魔法跟踪的本领，飞行能力很强，非常聪明，并且善于记忆咒语，所以作为巫师的信使最合适不过了。自中世纪以来，欧洲神话中常有关于猫头鹰的描写，而且大多与巫师关系密切。恐怕正是真实世界中猫头鹰的独特之处，给这类猛禽蒙上了神秘莫测的面纱，让它们成为魔幻世界里的宠儿。猫头鹰的双目大而朝前，竖直站立，看上去具有与人类无异的智慧；以鼠为食，飞行无声，行动神出鬼没；捕杀猎物时迅猛准确，具有凶悍的喙和爪，在夜间活动自如；喜欢鸣叫，叫声多样，有些听起来如同悲泣，让人坐立不安。

雪鸮（ *Bubo sdiacus* ）。

乌林鸮（*Strix nebulosa*）。

宠物猫头鹰，伤不起的猛禽

自第一部哈利·波特影片上映之后，很多"麻瓜"观众就期望像剧中的巫师们一样，拥有一只自己的猫头鹰信使。不过，这也惹出了不少麻烦。

2010年，印度环境部部长 Jairam Ramesh 抗议哈利·波特系列作品的推出，使得猫头鹰变成非常流行的宠物，从而加剧了野生猫头鹰的非法贸易，严重威胁了印度猫头鹰的生存。针对这类指控，罗琳不得不专门回应，如果有人从她的作品中得出，猫头鹰会很喜欢待在笼子里或关在屋子里，那么她想以最强烈的语气说声"请不要！"。

事实上，现实世界里的猫头鹰并非像电影中表现的那样善解人意。作为一种行为高度特化，适应夜行性捕食生活的猛禽，猫头鹰的智力并不是很发达。电影里的动物驯养师 Gary Gero 就反映，参与拍摄的猫头鹰并不是很通灵性。一个简单的镜头拍摄，就需要数百次的 NG，也需要多个替身同时参与完成，比如在拍摄《哈利·波特与魔法石》中海德薇的镜头时，就出动了7只雪鸮。

作为猛禽，猫头鹰还具有极强的攻击性，而非像电影中描述的那样乖巧可爱。它们的爪很锋利，喙也几乎无坚不摧，抓捕猎物时经常是一击必毙，在自己巢区范围内几乎所向无敌。在欧洲，还有长尾林鸮攻击闯入巢区的家牛导致家牛受伤的报道。如果想像哈利那样爱抚猫头鹰，被它随口一叨就能让你的双手鲜血淋淋，更别说它那锋利的双爪了。

为猫头鹰寻找合适的食物也是麻烦事。有些猫头鹰只吃带毛的老鼠，有些却只能吃下小昆虫。在野外环境中，猫头鹰幼鸟由双亲将食物叼碎，口对口相喂。而在人工饲养的环境下，一来难以确定食物是否符合猫头鹰的口味，二来很难安全地把食物送到猫头鹰的嘴边。更常见的是，精心处理的食物送到猫头鹰嘴边，它们会不闻不问，几天后就可能脱水死亡。

猫头鹰夜间活动频繁，喜欢鸣叫，尤其是在发情期。如果养一只猫头鹰作宠物，那么就要忍受它们在整个发情期夜间频繁地鸣叫。听上去毛骨悚然不说，而且这种叫声传播极远，不扰邻几乎是不可能的。

另外，在中国，所有猫头鹰都属于国家二级保护动物，购买和饲养都是违法的。在国际上，有多个猫头鹰物种被列入世界自然保护联盟（IUCN）红色名录和《濒危野生动植物种国际贸易公约》附录，非法抓捕、贩卖和交易都将受到制裁。

猫头鹰，那么近，那么远

现实生活中，我们可以去动物园近距离地观察猫头鹰。运气好的话，也可能在野外发现它们的踪迹。但在白天，我们可以根据下面一些线索来寻找猫头鹰：猫头鹰即使安静地站在树上，也容易被乌鸦之类的鸟类围住群攻，如果你发现有一群鸟叽叽喳喳地围着某个枝头喧闹，那么就要注意了；在某些断木桩周围地上或者猫头鹰巢下，或许能发现食丸；黄昏时分，很容易在猫头鹰

仓鸮是片中出镜不多的桃心脸猫头鹰，也是在我国分布的23种猫头鹰之一。实际上，《哈利·波特》电影中大部分出镜的猫头鹰在我国都有分布。

巢区听到的猫头鹰的鸣叫声等。但是要切记，猫头鹰在巢区范围内攻击性极强，尤其是由于它们飞行时几乎没有声音，这种攻击对于入侵者来说，有的时候甚至是致命的！

如果在野外遇到还不能飞的小猫头鹰，千万不要贸然试图把它带回家。因为此时，它的爸爸妈妈肯定藏匿在某个角落，贸然接近幼鸟可能会导致亲鸟对你进行攻击。你要做的就是，尽快离开幼鸟所在地，让幼鸟能安心听到亲鸟的呼唤，开始它离巢后的学飞之旅。如果幼鸟被带回家，失去父母，失去最宝贵的学飞机会，它很可能会不进食、不喝水，最后死于饥饿或者脱水。

如果发现了受伤非常严重的猫头鹰（只要它还能飞离你，那说明它还不需要你的帮助），尽快与所在地的林业部门、环保部门、动物园（多数动物园都配有专业兽医）等联系，或者是联系类似北京猛禽救助中心这样的专业野生动物救护中心。然后找一个尽可能大的纸箱（金属鸟笼会让挣扎的猛禽伤上加伤），戴上足够厚的帆布手套，小心地移动受伤的猫头鹰，将它送到救护点（途中注意给它补充水分），或者是静静在原地等待救助。

可见，在麻瓜世界里，猫头鹰既不能为巫师们送信，也不会乖乖地任人类爱抚，更没有魔法逃脱偷猎者的追踪。它们仅仅是脆弱、独特而值得尊重的生命，在这个缺少魔法的世界里静静地繁衍生息。

"嘶～哈～"斯莱特林、伏地魔、哈利·波特……能和蛇对话的人好厉害喔！但是动物学家告诉我们，蛇语者就算能和蛇交流，也不是嘴里发出"嘶嘶"的声音就能办到的，得有非人类的嗅觉才行。

在哈利·波特系列第二部《哈利·波特与密室》中，小哈利曾用蛇语命令蛇走开。伏地魔和哈利都是能与蛇对话的"蛇语者"；《圣经》中伊甸园的蛇引诱夏娃吃下禁果；《聊斋志异之蛇人》中有能听懂人话、能认识主人的蛇大青、二青和小青；还有印度的驯蛇人能让蛇随着音乐跳舞。蛇真的能和人类通过声音沟通吗？

你说话，蛇听不见

事实上，蛇的听觉很迟钝。蛇只有内耳（包括听觉器——听壶、球状囊和平衡器——半规管、椭圆囊）和中耳的耳柱骨，而没有耳孔、鼓膜、鼓室和耳咽管，所以蛇不能接受空气传导来的声波。但是对于从地面传来的震动，蛇却很敏感，因为蛇的耳柱骨与下颌部位的骨头相连，地面稍有震动就能经由耳柱骨传递到内耳。所以在荒野草地行走时，用棍棒敲打地面或故意加重脚步行走，就能把蛇吓走，也就是为什么会"打草惊蛇"。

蛇说话，你听不懂

蛇的声带已经退化，蛇"嘶~嘶~"的"叫声"其实是气流通过气管时发出的声音。由于蛇没有声带，能发出来的声音无论在音量还是音调方面都是很有限的，加之蛇又无法接收空气传导的声波，所以它们根本不能用声音相互沟通。

蛇主要通过气味来识别周围的环境和其他个体。在蛇的口腔上壁有一个特殊的结构"犁鼻器（Jacobson's organ）"，是蛇的嗅觉器官，是一个位于鼻腔前下部的空腔状结构，开口于上腭。蛇不断伸缩细长分叉的舌头，空气中的化学物质或气味信号分子被黏附在舌头上，又被带入口腔中，进入犁鼻器，然后与犁鼻器相连的神经会向大脑传达接收到的信息，进而了解外界情况。相关实验研究显示，如果剪去蛇的舌尖分叉，它就会失去跟踪气味痕迹的能力；如果堵住蛇口中通往犁鼻器的孔道，这条可怜的蛇便丧失了辨别能力，只能乱走。除了蛇，蜥蜴和许多哺乳动物都有犁鼻器。

　　犁鼻器在两栖类中最先出现，在爬行类中最为发达，但鳄的犁鼻器已经退化，龟鳖类的犁鼻器只突入鼻腔，并不像蜥蜴那样通入口腔。鸟类的犁鼻器已退化。哺乳类在胚胎期有犁鼻器，在成体中大多数退化，但在单孔类、有袋类、食虫类、啮齿类、兔形类及有蹄类的成体中仍存在。在人类的胎儿和新生儿中，很明显有犁鼻器结构。新生儿似乎也和其他哺乳动物的后代一样，能通过母亲乳头散发的外激素寻找乳房。但是随着婴儿的成长，犁鼻器逐渐退化。多数成年人不具有犁鼻器结构，少数犁鼻器尚保留，但也是高度退化的。人类犁鼻器由两个很小的器官构成，位置在鼻腔的深部，有些人的犁鼻器开口可用肉眼看见，但多数人要用放大镜才看得见。

　　科学家剔除了雌性实验小鼠体内的影响犁鼻器感应功能的TRPC2基因，导致这些小鼠的犁鼻器发育不全。改变基因后的雌鼠行为有雄性化趋势。它们嗅寻、追逐其他雌鼠，扭动屁股，喜欢挤入雄鼠群，还发出雄鼠求爱时的尖叫。不过，变异雌鼠行为并非完全"男性化"，它们仍以雌性方式与雄鼠交配，而且与普通雄鼠不同，它们不攻击雄鼠。一旦这些变异雌鼠产下幼崽，它们随即又变得像"不负责任"的雄鼠。普通雌鼠产崽后一般花80%的时间留在窝中照顾幼鼠，并拒绝与雄鼠亲热。但变异雌鼠在幼鼠出生约2天后就会离开巢穴，抛弃所有幼鼠，而且容易"另寻新欢"。为了验证是否 TRPC2 的缺失导致了这种情况，研究人员将一群成年雌性小鼠的犁鼻器全部移除。结果发现，同样的现象再次发生，这些雌鼠像变异雌鼠一样，变得行为异常。

除了依靠嗅觉，还有一部分蛇如尖吻蝮等，具有一种特别灵敏的热感受器官"颊窝 (pit organ)"。颊窝位于蛇的鼻孔两侧和眼之间，一般深约 5 毫米，样子像只漏斗，开口斜向前方，比鼻孔凹陷略大，有一层薄膜将它分为里外两部分，薄膜上布满神经末梢，对热源有非常敏锐的感受，能辨别极微小的温差变化，并且能准确地判定方位，即便是在夜间也能做出像白天一样的准确攻击。颊窝不仅有助于蛇类觅食和躲避天敌，在雄蛇求偶时亦起着重要作用。

由此可见，气味和温度才是蛇类用于互相沟通的"语言"，而对这两种感觉都不灵敏的人类，注定是无法与蛇对话了。

蛇语者，不过是个传说

看似神秘的驯蛇人其实并没有掌握与蛇对话的本领，他们只是在一代又一代的摸索中了解了蛇的习性。

驯蛇人表演时，会用脚在地上轻拍、用木棒在蛇筐上敲打，蛇感觉到这些震动后，就会从蛇筐里摇摇摆摆地探出头来，寻找出击的目标。而蛇之所以要左右摇摆是为了保持其上身能立在空中，这是它们的本能，一旦停止这种摆动，它就不得不瘫倒在地了。所以蛇的舞动其实跟驯蛇人吹奏的音乐无关，吹奏乐曲只是为了迷惑观众而已。

　　同时蛇又是一种生性胆小的动物，一般不会主动攻击人，而是会迅速逃跑，只有当人过度接近甚至踩到它时，蛇才会出于自我保护而咬人。所以驯蛇人在表演时动作一般比较轻柔，只要不刺激蛇，蛇往往是不会进攻的。同时，由于蛇对气味非常敏感，驯蛇人往往通过食用特殊的草药或在身上涂抹药物来防蛇咬。当然，很多用于表演的蛇其实是无毒蛇或拔除毒牙的毒蛇。

　　所以，想成为哈利·波特般的蛇语者？对不起，任何模仿哈利发出"嘶嘶"声与蛇交流的努力，都只会让蛇看你的笑话……

　　大地和海洋，有不一样的生命故事，却一样动人心魄。在东非大裂谷西部的塞伦盖蒂大草原，有陆地上最大规模的哺乳动物大迁徙，近 200 万头食草动物越过平原，跨过河流，大地在它们的脚步声中震颤；而在靠近非洲大陆南端的大海中，每年 5 月到 7 月，数以百万计的沙丁鱼群结成密集而庞大的阵形，沿着海岸义无反顾地向北进发，虽遭到无数猎食者的围追堵截仍矢志不渝，这场旅行充满了力量和杀戮，丝毫不逊色于狂野的非洲草原的震动。纪录片《海洋》里就近距离地呈现了这么一场史诗般的大迁徙。

　　沙丁鱼（sardine 或 pilchard）是鲱科鱼类中某些食用种类的统称，主要指沙丁鱼属（*Sardina*）、拟沙丁鱼属（*Sardinops*）和小沙丁鱼属（*Sardinella*）的种类，也常用来泛指能做成罐头的大西洋鲱（*Clupea harengus*）及一些外形类似的小型鱼类。沙丁鱼喜欢在上层海水中成群结队地活动，这是它们面对捕食者时的自我保护机制，这里要说的沙丁鱼盛宴中的主角——南非拟沙丁鱼（*Sardinops sagax*）更是将这种策略发挥到了极致。

　　但是这么巨大的一块诱饵堂而皇之地路过，各方豪强岂有不取的道理？让我们把镜头拉近，看一看捕食者们在沙丁鱼迁徙途中的饕餮盛宴吧。

　　首先是海豚们，主要是长吻真海豚（*Delphinus capensis*），也有部分宽吻海豚（*Tursiops aduncus*），其总数大约 18000 头。它们结队而行，从下方将沙丁鱼群驱赶上海面，再利用气泡将鱼群分割包围成一个个的"饵球"（bait ball）。这些饵球直径 10~20 米，厚度约 10 米，持续时间不会超过 10 分钟。饵球一旦形成，其他捕食者也纷纷加入这场盛宴。鲸豚类的代表还有虎鲸（*Orcinus orca*）和布氏鲸（*Balaenoptera edini*），后者常常在鱼群密集处张开一张大嘴，将沙丁鱼连同海水一同吞下，海水泡沫飞溅，有种"惊涛拍岸，卷起千堆雪"的磅礴气势。

　　鲨鱼团队的成员阵容也很强大，短尾真鲨（*Carcharhinus brachyurus*）、灰色真鲨（*Carcharhinus obscurus*）、沙虎鲨

（*Carcharias taurus*）、黑边鳍真鲨（*Carcharhinus limbatus*）、蔷薇真鲨（*Carcharhinus brevipinna*）、公牛鲨（*Carcharhinus leucas*）、锤头双髻鲨（*Sphyrna zygaena*）等不顾路程遥远，纷至沓来。对它们来说，只要在饵球里面穿梭几次，就能吃得很尽兴了。《海洋》画面中拍摄到的，就是黑边鳍真鲨。另外，一些游钓鱼（game fish，钓鱼运动爱好者的目标）如大西洋马鲛（*Scomberomorus cavalla*）、巴鲣（*Euthynnus affinis*）、扁鲹（*Pomatomus saltatrix*）等也会出现在捕食者的行列中，但声势就小很多。

　　说到声势，海鸟们绝对是主角中的主角。沙丁鱼群除了要应付海水中的威胁，还要提防来自天空的袭击，真是名副其实的"腹背受敌"。成千上万的南非鲣鸟（*Morus capensis*）跟随沙丁鱼群迁徙的路线，从空中它们可以很清楚地看到鱼群形成的一条条黑带，在距海面十多米处盘旋之后，就是俯冲表演的时间。滑翔，收翅，以40~120公里的时速俯冲入海，在水下形成一条白色的气泡柱。空中鸟声不断，水里鱼鸟同游，海面上不断传来呼啸入水的"噗噗"声，生命的活力和狂野在这一刻展现无遗。除了南非鲣鸟，其他海鸟如黑眉信天翁（*Thalassarche melanophrys*）、黑脚企鹅[又叫非洲企鹅（*Spheniscus demersus*）]还有燕鸥、鸬鹚等也纷纷奔赴盛宴。

　　面对似乎取之不尽的沙丁鱼，曾经的天敌和对手结成了同盟。当海豚、鲸鱼、鲨鱼和海鸟们饱餐一顿之后，还余下大量的沙丁鱼，它们继续向前迁徙。就如《海洋》里所说，生命还会继续。

"如果你不是一尾沙丁鱼，你怎能知道这样的迁徙意味着什么？"

厄加勒斯角（Cape Agulhas）是非洲大陆的最南端，被国际海道测量组织定义为印度洋和大西洋的分界点。每年 5 月到 7 月，大波的（总数可以数十亿计）南非拟沙丁鱼就从厄加勒斯浅滩（Agulhas Bank）出发，沿着南非东岸向北迁徙，目的地是德班——南非第三大城市，位于夸祖鲁 - 纳塔尔省（KwaZulu-Natal）——北部的海域，路线长度超过 1000 公里。

到底为什么南非拟沙丁鱼会进行如此艰苦漫长的迁徙之旅呢？有人说是因为海水温度的变化。南非拟沙丁鱼喜欢生活在 14~20 摄氏度的海水中，冬天——虽然是 6、7 月份，但这是在南半球——南非东海岸的表层水温降低，使其可以将生活区域向北扩展。通常是在一股低温的海流在厄加勒斯浅滩出现，并开始向北流动的时候，沙丁鱼的迁徙才会发生。因为这一带的大陆架狭长，表层低温海流的宽度也很窄，地少鱼多，使沙丁鱼群的聚集显得格外惹眼。鱼群紧密成团，其长度可达 7 公里以上，宽度可达 1.5 公里，厚度可达 30 米，简直就是一块巨大的"肉团"，可以在海面上空清楚地看到。

事实上，目前人类对南非拟沙丁鱼迁徙的机制还未完全了解。关于其产卵地，过去有研究称位于厄加勒斯浅滩，沙丁鱼在此产卵之后，便追随富含浮游生物的低温海流向北迁徙。

近期的研究则认为，它们的产卵地其实是在北方靠近德班的海域。南非拟沙丁鱼其实与南极的帝企鹅或北美的大麻哈鱼一样，在迁徙问题上都遵循着那个古老的信念：一切为了种族的延续。繁殖的本能使它们不计大规模伤亡的代价，顽强地回到产卵地。多年来南非拟沙丁鱼的数量一直保持相对平衡，证明这一"回家"的迁徙策略是成功的。在较远的北方，即厄加勒斯海流的上游处产卵，能保证鱼卵更好地孵化，稚鱼也得以在到达厄加勒斯浅滩之前有充分的时间进行发育。

那么，南非拟沙丁鱼当初为什么又会选择到北方路途遥远、环境恶劣的地方产卵呢？科学家给出了两种假说。

假说一认为这是历史遗留，可以追溯到上一个冰期。那时候沙丁鱼生活在北方夸祖鲁－纳塔尔省附近的海域，后来冰川衰退，喜欢低温的沙丁鱼只能向南迁徙，然而到了每年的繁殖季节，它们仍然会回到最初生活的地方产卵。假说二更注重偶然因素的作用，认为在某一个特定的时刻，一群沙丁鱼因为迷路或者海况的原因，阴差阳错来到了北部这片海域，结果在种群繁殖上获得了空前的成功。之后，这群沙丁鱼的后代不断重复着这条迁徙路线，沙丁鱼群也不断壮大，最后形成了让人叹为观止的群体迁徙奇观。

相信许多人看到《海洋》里堪称壮美的画面时，都会有冲到南非去感受一番的冲动。感谢雅克·贝汉和《海洋》，让我们能在银幕上欣赏到这一场视觉盛宴——对海豚鲨鱼海鸟们来说这是实实在在的"盛宴"。希望人类能好好呵护这美丽而又脆弱的海洋，让这样的奇观永远不会消失。

注：拟沙丁鱼属的种类广泛分布于从非洲南部到东太平洋的印度 - 太平洋区，根据分布海域不同有时分为 5 个种，但更多的是认为都属于同一个种（即 *Sardinops sagax*）。目前，通过分子生物学分析手段可以确定其存在 3 个家系：南非拟沙丁鱼（*ocellatus*）和澳洲拟沙丁鱼（*neopilchardus*）；南美拟沙丁鱼（*sagax*）和加州拟沙丁鱼（*caeruleus*）；远东拟沙丁鱼（*melanostictus*）。

作为野生动物纪录片发烧友，电影《猩球崛起》的第一个镜头就让我激动起来了。因为银幕上那支在幽暗的雨林地面沉默前行的黑猩猩队伍，曾经真实存在于我们这个星球上。事实上，那是 2007 年 BBC 的年度自然纪录片大制作——《地球的脉动》（*Planet Earth*）第八集中的一个镜头。在现实生活中，这些居住在乌干达丛林中的雄性黑猩猩并没有遭遇盗猎者，而是继续前进。它们表现得像一支真正的军队，悄悄潜行，分头包抄，趁对方不备突然袭击，偷袭了临近的一群黑猩猩，为的是占领对方的领地。

即便是在动物园或者马戏场看到黑猩猩，相信很多人心里都会产生一种诡异的亲切感，因为它们太像人类了。在动物分类学体系中，人类所处的位置是哺乳纲灵长目人科人属，在这个地球上，与我们亲缘关系最近的几种动物是人科的其他几种猩猩：红毛猩猩，即片中会打手语的那个马戏团长毛大脸，它的祖先与人类的祖先在大约 1400 万年前分家；大猩猩，即凯撒的保镖——片中被锁在笼子里的那只庞然大物，它的祖先与人类的祖先在约 730 万年前分家；黑猩猩，也就是本片的主角，它们与我们拥有一个 540 万年前的共同祖先。近几十年，科学家又确认了一种新的猩猩——倭黑猩猩，它与黑猩猩有不少区别，但在《猩球崛起》这部电影中没有出场。

540 万年，似乎是一个非常漫长的时间，但是与动辄数亿年的地球历史和生物进化史相比，这只不过是一瞬间的事。这540 万年分道扬镳的结果是我们与黑猩猩基因组层面的差异只有大约 3%。

1960 年，年轻的英国姑娘珍·古道尔（Jane Goodall）来到坦桑尼亚开始了对黑猩猩的野外研究。随后的几十年里，她不断带给世人关于这种动物的惊人发现，比如，她发现黑猩猩会使用和制作大量工具。而在之前，使用和制造工具曾经被认为是人类区别于其他动物的特征。

在现实世界里，黑猩猩个头并不大，站立起来的时候身高只

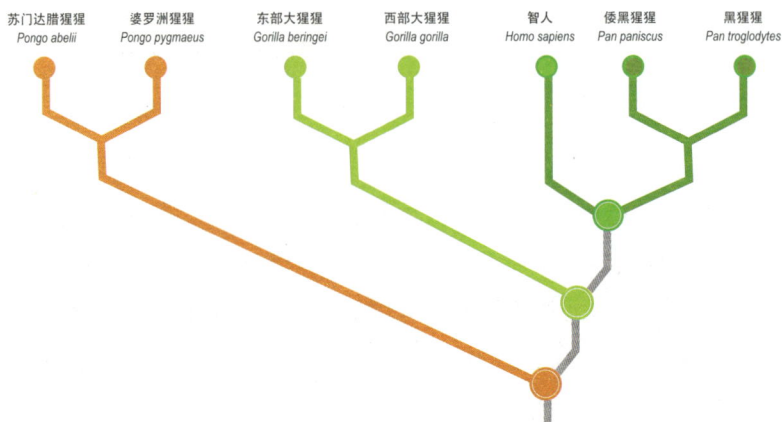

| 苏门达腊猩猩 | 婆罗洲猩猩 | 东部大猩猩 | 西部大猩猩 | 智人 | 倭黑猩猩 | 黑猩猩 |
| *Pongo abelii* | *Pongo pygmaeus* | *Gorilla beringei* | *Gorilla gorilla* | *Homo sapiens* | *Pan paniscus* | *Pan troglodytes* |

在目前的人科物种树上，红毛猩猩是婆罗洲猩猩和苏门达腊猩猩两个物种的合称，大猩猩属则包括西部大猩猩和东部大猩猩两个种。

有 1~1.7 米，体重 45~80 千克。所以影片中的凯撒和它的同伴们实际上是被放大了。这是一种高度社会化的动物，它们的群落是多夫多妻的父系社会，群落首领一般是一只成年雄性。在黑猩猩的社会里，等级非常严格，比如，低等级的雄性会采取一种"屈服式的问候行为"来表达对高等级个体的敬意，相信看过影片的你对那一幕一定会记忆犹新。这是美国著名灵长类学家德瓦尔（De Waal）的发现。

德瓦尔还有一个更著名的发现，就是一只瘦弱的黑猩猩如何借助工具迅速上位的故事。1982 年，德瓦尔观察到一只被称为麦克的雄性黑猩猩，在群体里地位十分低下，经常被其他个体追打，甚至因此被抓成了秃顶。有一天，它在德瓦尔的宿营地发现了一只空铁桶，正巧此时有别的黑猩猩欺负它，它抓起铁桶回击过去。虽然并没有砸中对方，铁桶摔在地上发出的声响却把它和对手都吓了一跳。从此，麦克就拥有了这只空铁桶，不时在其他黑猩猩周围弄出点动静吓唬人。自那之后，麦克的地位可谓扶摇直上，在随后的七年时间里稳居群体里的第三把交椅。

这只著名的空铁桶，也出现在了这部影片中。

暴力与智慧，电影的真实投影

更多的野外观察发现，黑猩猩并不是马戏团里搞怪的无害的小丑，他们是一种非常热衷于暴力的动物，《猩球崛起》里黑猩猩握着武器的形象，可不是简单的凭空臆想。

首先，黑猩猩是除了人类以外最喜欢肉食的大型灵长类动物。野外的黑猩猩经常组织对野猪、叶猴或者狒狒幼崽的围猎。热衷捕猎加上会使用工具的结果就是——黑猩猩是已知的除了人类以外唯一会使用武器的动物。2007 年，美国艾奥瓦大学的人类学家吉尔·普鲁茨（Jill Pruetz）在塞内加尔的丛林中观察到一群黑猩猩使用尖锐的木矛刺杀藏在树洞中的婴猴，后者是一种夜行的小型猴类，经常成为黑猩猩的美餐。

这只锐利的木矛在影片中就变身成了从天而降的铁矛。

对异类不手软，对付同类同样下得了杀手。古道尔在 1979 年首次报告了黑猩猩残酷的战争行为。战争起源于 1972 年，古多尔一直跟踪的一群黑猩猩分裂成了两个新群体，开始两群还能保持一定的友谊，但睦邻友好并未维持太久。实力更强一些的甲群先是干掉了乙群中曾经的老大。两年后，甲群突袭了乙群的新老大，围殴他并用石块将其砸死。再过了一个月，又有一只雄性被甲群打成重伤后失踪。第三年，甲群把乙群的一只老年雄性摁在泥水中殴打致死，在这一年里乙群最后的两只雄性和一只残疾雌性被杀。甲群用了三年的时间全歼乙群的雄性个体，占据了乙群的领地和部分雌性。

那黑猩猩会不会攻击人类呢？在野外，的确发生过黑猩猩劫走并杀害人类婴儿的事件，目前记录在案的有 6 次。如前面所说，黑猩猩有时会捕猎其他动物的幼崽，所以这种情况的发生并不奇怪。有报道的黑猩猩攻击成年人并造成严重后果的事例都发生在美国。2005 年，66 岁的前赛车手、一只宠物黑猩猩的主人圣詹姆斯·戴维斯（St. James Davis）在一个动物收容中心被一只逃跑的黑猩猩攻击，这位老人之后被送入医院，直到三个月后才康复回家。而 2009 年 2 月 16 日，情人节后的第三天，美国康涅狄格州斯坦福市，莎拉·纳什（Charla Nash）被她男性友人的宠物黑猩猩袭击，她因此丢掉了眼睛、鼻子、嘴唇、大部分牙齿、部分上颚和九根手指。2011 年 6 月 10 日，她接受了全脸移植手术。这两起黑猩猩袭人事件成了影片中凯撒攻击邻居和收容所管理员的原型。

在实验室里，黑猩猩们则表现得相对温柔聪慧。日本京都是全世界灵长类研究的一个中心，这里有著名的京都大学灵长类研究所。这座研究所里有十四只很"宅"的黑猩猩，它们都喜欢玩电脑游戏。这是日本科学家的发明，自 1978 年以来，这里的科学家就一直用电脑游戏实验黑猩猩的认知能力。比如，科学家们发现黑猩猩的瞬时记忆能力超强。玩过任天堂掌机的朋友可能都接触过一款瞬时记忆游戏，屏幕的一排方块闪现随机排列的数字，几秒钟后数字消失，让你按照从小到大的顺序依次点击那些数字所处的方块。大部分人做到 7 个数字的时候就"缴枪"了，而这里的黑猩猩可以轻松做对 9 个数字甚至更多。如果你看过相关纪录片的话，一定会被那些黑猩猩神一般的解题速度震惊。这也是影片中凯撒只瞄了一眼就记住了动物收容所管理员按下的开门密码的现实原型。

沟通！猩猩能说话吗？

有了以上这些，影片的发展似乎有了很好的现实基础。但是，等等，说话！说话很重要！如果没法说话，它们怎么沟通行动协调一致啊？

早在《礼记》中就有记载："猩猩能言，不离禽兽。"写下这句话的老祖宗要么是道听途说没有仔细考证，要么是把同样没有尾巴的长臂猿当成猩猩了。长臂猿是灵长类里著名的歌唱家，声音婉转洪亮，是神话中山鬼的原型，它们的鸣叫被误认为是说话还倒可以理解。而生活在东南亚，我们祖先唯一可能看到的真正猩猩——红毛猩猩，是出了名的闷。它跟大猩猩、黑猩猩一样，声带结构与人类差别很大，无法发出复杂的声音。基于这点，即使智能得到了巨大提高的凯撒，想说一声"NO！"也不是件容易的事，即使能吼出来，也仅此为止了。这也是一直到 1966 年，人们尝试教各种猩猩说话的努力均告失败的原因。

1967 年，美国内华达大学雷诺分校的科学夫妻档加德纳夫妇（Beatrix/Allen Gardner）领养了两岁的雌性黑猩猩瓦舒（Washoe），瓦舒生于非洲，被捉到美国作为太空计划的实验动物。加德纳夫妇把瓦舒当成一个聋哑孩子对待，他们和研究小组的其他成员都尽量使用手语而不是声音语言与瓦舒交流。瓦舒最后学会了大约 350 个手语词汇，并用这些词汇跟人们交流。她说的大多数"话"都是有关食物和需求的，更有趣的是，瓦舒会造词。一次，她告诉她的饲养者她要"石头果仁"，百思不得其解的人们试过很多东西之后，才知道瓦舒要她前几天吃过的巴西果，这种果仁很硬。瓦舒不但自己掌握了这些词汇，还教会了她的儿子路里斯（Loulis）一些。瓦舒死于 2007 年。

　　另一只著名的会说话的猩猩是大猩猩科科（Koko）则仍然生活在这个世界上。1972 年，受加德纳夫妇实验成果的鼓舞，年轻的发育心理学家"佩妮"帕特森（Francine "Penny" Patterson）领养了一只一岁大的雌性大猩猩科科，并教她手语。很快，科科表现出了惊人的天赋，据"佩妮"帕特森的说法，科科掌握了 1000 多词汇量的手语表达，可以听懂 2000 多个口语。今天，你可以在一部拍摄于 1978 年、名为《科科——会说话的大猩猩》（*Koko, A Talking Gorilla*）的纪录片中看到长得酷似帕里斯·希尔顿的"佩妮"帕特森与科科交流的场景。值得一提的是，科科和片中的凯撒一样都生活在旧金山，凯撒的养父母开车带凯撒去红杉林的场景应该就是取材于科科的纪录片，连主人公那辆老旧的汽车也充满了 20 世纪 70 年代的风韵。不过与坐在后座的凯撒不同，科科坐的是副驾驶位置。

　　后来的科学家对"佩妮"帕特森的研究成果多数持谨慎和批判的态度，认为她很多时候过度解读了科科表达含混的手势。

第三只著名的说话猩猩是尼姆·齐姆斯基（Nim Chimpsky），这是拿著名的语言学家诺姆·乔姆斯基（Noam Chomsky）开涮呢。齐姆斯基在 44 个月内学会了 125 个手语单词，似乎并不慢。但是科学家分析了齐姆斯基的"语言"，发现它打的这些手语缺乏语法结构，只不过是一些单个的形象化的字符，而且，与人类从 2 岁到 22 岁期间平均每天能学会 14 个新词汇的速度相比，齐姆斯基每十天才能学会一个新单词的速度实在是太慢了。

　　那猩猩会不会说话？

　　乔姆斯基老师说："NO！"他认为，包括瓦舒和科科在内，"会说话的猩猩"都只是掌握了一些词汇，而非语言，语言的本质是一种有组织有规律的逻辑活动，猩猩们的手语从来没有表现出这一点。希望乔姆斯基老师不是在生齐姆斯基的气。

　　对眼负鼠海蒂继承章鱼保罗的衣钵，因准确预言了 2011 年
的奥斯卡大奖而名声大噪。不过，"对眼负鼠"是个什么东西？
海蒂的对眼并没有家族遗传史，它们其实是一群"天然呆"、不
挑食、会装死、分布广的北美有袋类动物。

减肥治疗中的明星

真的有"对眼负鼠"这个物种吗？收到这个问题后，果壳自然控编辑们查了诸多资料，发现没有一种负鼠是对眼的。所以，说海蒂对眼无可厚非，但要说她全家都对眼，那就是你的不对了。

其实，人类以外的大多数动物，只是偶尔才会露出眼白（也就是眼球外面的那层巩膜），大部分时候眼白是被藏在皮肤下面的。露出大量眼白也许是人类的社会性导致的，为了利于表现表情，还可以在非语言交流的时候，确定视线的方向。

那么，海蒂的对眼是怎么回事呢？别急，请往下看。

和很多明星一样，海蒂也曾减肥。不过她减肥是为了治疗对眼。"少女"时代的海蒂也许是由于饮食结构的不合理，造成了现在体重不合理，所以她的皮下脂肪堆积得实在太多。于是海蒂其实是被眼角的脂肪挤成对眼的。

负鼠海蒂家族史

来自德国莱比锡动物园的海蒂的老家其实在美国，她的学名是 *Didelphis virginiana*，翻译过来是"弗吉尼亚负鼠"。因为墨西哥以北的北美大陆就只有这一种负鼠，所以通常它也被称作"北美负鼠"。这种负鼠分布在美国东部各州，在 1929—1933 年大萧条时期也许是作为食物被引入西部，所以目前在美国西海岸也有广泛分布。

负鼠是一种古老的哺乳动物，它们属于有袋类（Marsupialia，根据分类系统的不同，有袋类是一个亚纲或者一个目），与澳洲的袋鼠、考拉之类有点渊源。北美负鼠其实也不是北美洲土生土长的。在距今大约300万年的上新世中晚期，从火山活动中隆起的巴拿马地峡连通了南北美洲，从而导致了南北美洲的生物大迁徙。海蒂的祖先就是在那时从南美来到北美大陆定居的。

天然呆，吃得开

北美负鼠来到北美以后获得了巨大的成功——它们分布广泛，家族兴旺，并且成为北美大陆唯一的有袋类动物——即使和所有从南美迁往北美的动物比较，这样的成功也是少见的。

然而一个尴尬的事实是，北美负鼠的"脑商"（encephalization quotient，大脑重量与体重的比值）属于有袋类中最低的那一小撮。它们可以说是名副其实的"天然呆"。这群"天然呆"怎么能在北美大陆获得如此成功，也许就像海蒂怎么能猜中奥斯卡大奖得主一样，是一个谜。

不过它们至少有一个优势：什么都吃。种子、花、果实、昆虫、鸟蛋、小兽、腐肉、人类的垃圾，没有什么不入它们的口的。人们在实验室发现它们甚至也吃同类，不过这也许只是在人工养殖的极端环境下造成的行为，请不要把它们想象得如此可怕。在野外，北美负鼠最喜欢的食物是每年秋天成熟的美洲柿（*Diospyros virginiana*）。

顺拐，但身手敏捷

北美负鼠长得和老鼠有点相似，它们也喜欢在人类居住的地方活动，但它们很少携带能传染给人类的疾病，尤其是对狂犬病有特别的免疫力。在美国，北美负鼠常常是狩猎对象，烤负鼠、负鼠派都是流行的菜品。

可是负鼠也不是坐以待毙的。它们虽然走路顺拐，但急了也能跑，并且能游泳、能上树。负鼠身手敏捷，它们的脚有四前一后的脚趾，手指也很灵活，便于抓握树枝。它们的尾巴甚至都能在爬树的时候独当一面。

装死专业户

如果真到了逃跑都不奏效的危急关头，北美负鼠也不会坐以待毙，而是"作以殆毙"，也就是装死，而且装得惟妙惟肖——身体微蜷，眼睛半闭，嘴巴张开，必要时还能从肛门流出腐臭的绿色液体……北美负鼠如此专业，以至于美国俚语把"装死"说成 playing possum（虽然北美负鼠英文是 opossum，但这里的

possum 也是对北美负鼠的一种简称，而不是指澳洲负鼠）。

嗯，这个故事告诉我们：即使天然呆，但如果你不挑食、会逃跑、关键时刻还能装死，还是有可能成为北美大陆唯一成功的有袋类动物的。而且没准哪天，你胡乱在贴着照片的几个小金人前面溜达一下，还能红。

2011 年 3 月，这是海蒂"鼠生"中最辉煌的时刻。也许会让人唏嘘感慨的童话故事之后的现实是：同年 9 月，德国莱比锡动物园宣布，三岁半大的海蒂由于年纪已大，患关节炎以及其他疾病，活着"太痛苦"，因此决定让它安乐死。

　　有没有喜欢刨根问底的小朋友曾经问过你：喜羊羊是绵羊还
是山羊？

　　这个问题还真挺难回答的。这种家族谜团，可能比你想的
要更为复杂……看那卷卷的绒毛特征，应该是再也明显不过的
绵羊？可《喜羊羊与灰太狼》一片的英文译名是 *Pleasant Goat
And Big Big Wolf*，而 Goat 指的是山羊……而最近，又冒出来它
们是山羊和绵羊杂交种一说。好吧，那就一起来理清羊村里的这
个谜团吧！

羊村的羊羊们长得都差不多，姑且认为他们都属于同一物种吧，要弄清楚羊羊们的身世，先来看看山羊和绵羊有哪些区别吧！

注：暖羊羊和其他羊羊略有不同，她的手臂是毛茸茸的，在《羊羊运动会》中，作者将暖羊羊定位为盘羊，而喜羊羊等其他羊羊们则是绵羊，与英文片名出现了矛盾。

绵羊 VS 山羊，票数大比拼

绵羊（*Ovis aries*）与山羊（*Capra hircas*）虽然同称为羊，但分别属于牛科（Bovidae）的绵羊属（*Ovis*）和山羊属（*Capra*），这个差异程度嘛，相当于南方古猿和人类的区别。

在外形、解剖结构、生理和生活习惯上，绵羊和山羊有很多相同之处，但也存在一些异同点。结合《喜羊羊与灰太狼》里的剧情，来逐条比对一下。

（1）比个性

绵羊的性情通常温顺、胆小，而山羊性情活泼，胆量较大，喜欢登山爬高。两种羊都有较强的合群性，但非得一拼高下的话，绵羊比山羊合群性更强一点，不论在什么环境下都采取集体行动的方式。

羊村里的羊羊们有懒羊羊那样胆小的，也有喜羊羊那样勇敢的，而且羊羊们总是喜欢一起玩耍、一起劳动，在个性这一点上，绵羊和山羊的可能性就算打个平手吧！

（2）比生活环境

野生绵羊一般生活在草原上，而野生山羊一般生活在高原、山地，它们的四肢更粗壮有力，非常善于攀登和跳跃，并且体型和皮毛更有利于在灌木林中行动。

羊村位于青青草原，从动画片里来看是一片广袤无垠的大草原，因此绵羊可能性 +1。

（3）比饮食

绵羊和山羊所采食的饲草种类都比较多。但山羊采食的饲草类比绵羊还要多一点，尤其是灌木嫩枝叶。绵羊喜食非禾本科草、阔叶草和草本植物，采食高度为 20 厘米以下；山羊食性杂，各种牧草、灌木枝叶、作物秸秆、菜叶、果皮、藤蔓、农副产品等乱七八糟的都能吃，但它们也还是喜食灌木嫩枝叶，包括植物的叶、茎和嫩枝，采食高度在 20 厘米以上。在采食量上，绵羊比山羊要多。

喜羊羊们采集食物时一般都是割草，做出来的美食也往往都是青草蛋糕、青草汤等，虽然动画片里也有大家采摘树上的果子的场面，但大吃货懒羊羊最爱的还是"青草蛋糕"，看来它们更爱吃草而不是树叶，绵羊可能性 +1。

（4）比相貌

绵羊头短，身体丰满，体毛绵密，多为白色；山羊头长，躯体较瘦，毛为粗刚毛和绒毛，还有白色、黑色、褐色、杂色等多种毛色。

喜羊羊们身体都圆滚滚的，毛看起来也是柔软的卷毛，而且所有羊羊都是白色的，绵羊可能性再 +1！

（5）比犄角

大部分绵羊雄兽有螺旋状的大角，雌兽没有角或仅有细小的角；而大部分山羊无论雌雄均有角，公羊的角更是极为发达，仅少数无角。

羊村里的羊羊们都有角，女孩子美羊羊和暖羊羊也不例外，山羊雌雄都有角的可能性要更大，因此，山羊可能性+1。

（6）比繁衍

山羊繁殖力强，具有多胎多产的特点。大多数品种的山羊每胎可产羔2~3只，平均产羔率200%以上，比一般的绵羊产羔率高得多。

喜羊羊们好像都是独生子女，没有哪两只羊羊是亲兄弟姐妹的，绵羊可能性+1。

（7）比胡须

公山羊都有一抹销魂的小胡子，它们的颏下长有长须，长约15厘米，母山羊往往没有胡须或是须较短，而绵羊颏下则没有胡须。

羊村里的男孩子羊羊们下巴都干干净净，村长慢羊羊虽然有胡子，可也是八字胡而非山羊胡，绵羊可能性又要+1了。

（8）比尾巴

绵羊尾形不一，有长瘦尾、脂尾、短尾、肥尾，尾巴常下垂，山羊尾短上翘。

羊羊们的小尾巴看不太出来到底是怎样的，山羊和绵羊的可能性就各+1吧。

（9）比肉质

绵羊和山羊在肉纤维、乳成分等方面也有所不同……好吧，灰太狼实在是太笨了，几百集下来也没能成功尝到一次羊肉，所以我们没有办法得到这方面的信息啦。

一番比拼下来，《喜羊羊与灰太狼》里羊羊们的身世鉴定结果就出炉啦：绵羊可能性 7 票，山羊可能性只能以 3 票告负啦。

山绵羊？绵山羊？通婚不容易

那么，喜羊羊们有没有可能是山羊和绵羊的杂交种呢？

事实上，尽管外表类似，性情相近，但山羊和绵羊谈起恋爱来却多半是只开花不结果，究其原因，是在于它们在动物分类学上的血缘关系较远，山羊有 30 对染色体，而绵羊只有 27 对。

但是，山羊和绵羊之间也不是绝对的不能交配产生后代，只是这种情况很罕见而已。在牙买加、博茨瓦纳、智利等地就出现过有关于山羊与绵羊自然杂交后完成妊娠、产出活羔的报道，而在英国、美国和澳大利亚的实验室也产生过这类山绵羊远缘杂种。

绵羊与山羊远缘杂交的杂种具有这样的外形特点：头部与绵羊头相似，体躯与山羊体躯相似，四肢与绵羊四肢相似，尾向下垂与绵羊尾相似。由此看来，羊羊们虽然兼具山羊和绵羊的特征，但体型倒是像绵羊多过像杂交种了。

而且，山羊和绵羊的杂交后代染色体数为 57，不能产生正常的生殖细胞，属于不孕不育，而羊村的羊羊们繁衍至今已经有几百年的历史，当然不是杂交品种啦。

所以，综合以上分析，我们还是勉强认可，羊羊们是以绵羊为原型，经过艺术加工创造出来的形象吧！

看完后，会不会有娇滴滴的声音出现呢：哼，人家想当绵羊就当绵羊，想当山羊就当山羊啦！

饿不死的
灰太狼，什么都
能吃吗？
famorby

　　想象一下灰太狼小心翼翼地询问："亲爱滴红太狼，要不……
咱还是吃点水果？"

　　"啪！"

　　灰太狼的命运就是这么的可怜……它从来都没能吃上羊村里
的小羊们，一只青蛙，就是它最大的幸福。每天只能吃草、果子、
蘑菇，消化，补充营养，作为一头食肉动物，它真的能消化掉这
些食物而不会被饿死吗？

狼主要以中型和大型有蹄类动物为食，如羚羊、驯鹿、野牛等，但狼的食性非常杂，土拨鼠、野兔、獾、狐狸、鼬、田鼠等啮齿动物都会进入狼的法眼，水禽及禽卵、鱼、海豹等都有在狼的菜单里出现，而碰上食物匮乏的时候，蜥蜴、蛇、蛙、蟾蜍、大型昆虫、腐肉也能让狼填饱肚子。

狼爱吃荤，但这可不是意味着它们就会拒绝吃素。狼不但爱吃山梨、铃兰、越橘、蓝莓等植物的浆果，还中意一些茄属植物的果实和葡萄、甜瓜、苹果、梨等。在人类活动区域附近，狼的食谱里除了野生动物，还有家畜、庄稼、蔬菜和厨余垃圾。

可见，野生情况下，狼也会摄入一定量的植物性食物，而且和同属犬科的亲戚狐狸一样，狼可是真心地爱吃水果，夏秋季节常会主动觅食可口的果子。

作为群居性动物，狼追捕牛羊等猎物需要协作进行，典型的狼捕猎行为是由群体包围驱赶并轮番攻击猎物，待猎物疲累后再加以击杀。一旦离群，这样的狩猎策略则无法实现，因此离群的狼往往以鱼、鼠类等小动物为食。（作为一个好吃的家伙，狼其实还具有很高的捕鱼技巧哦。）这样看来，灰太狼拿青蛙打牙祭就不是那么不可理喻了。

　　一般来说动物消化器官的形态结构与机能是相适应的，并且主要取决于动物的食性和取食方式。科学家认为，食性是导致消化系统形态的种间差异的主要原因之一，食草动物大肠和肠道的总长度一般要比杂食及肉食动物长。而得以证实的是，动物更倾向于改变消化道的长度而非重量，来适应外界环境的变化。

　　狼的消化管总长为体长的 5 倍左右，消化道总重约占体重的3%，均与大型犬类似。由于长期家养驯化，家犬的食物中植物性来源的比例增加，生活环境也有所改变，导致家犬的消化道发生了一系列变化：胃的容积减小；消化道的总长度和总重量增加，尤其是盲肠和结肠的长度和厚度增大的变化最明显。这是因为：更大的胃意味着一次能够摄取更多的食物，从而加快进食，减少暴露自身的风险，并在食物资源不足的情况下延长两次摄食之间的时间；而盲肠是纤维素的发酵部位，纤维素经盲肠分解后的营养物质主要由结肠吸收，盲肠和结肠对食物质量的反应非常灵敏，当食物中纤维素含量升高时，盲肠和结肠的大小就会增加。

　　相比之下，猫的消化道长度约为体长的 4 倍，这是因为猫起源于完全肉食性的动物，而犬则具有一定的杂食性。这一点从宠物粮的成分中也可以看出，猫粮的动物性来源比例是高于犬粮的。其他哺乳动物消化道长度与体长的比例情况则为：人类 5.3倍（因为更精细的食物和烹调过程减轻了消化道的负担），牛、羊 20~30 倍，马约 15 倍，小鼠 6~7 倍，狮、虎约 3 倍。从食物在消化道中停留的时间来看，人类为 30~120 小时，犬为 12~30 小时，猫为 12~24 小时。成年犬对蛋白质的需求（占能量来源的百分比）为 20%~40%，而人类则为 8%~12%，此外，犬的胃液酸度大于人类，肠道菌群密度远不及人类，这些都说明虽然野生狼会吃一定量"素食"，驯化成犬后植物性食物的比例有所增加，但狼和犬依然都属于食肉动物。

可见，虽然吃素时消化吸收的能力不如食草动物，但狼是食肉动物中比较具备消化植物性食物能力的一员。虽然蛋白质和脂肪摄入不足可能导致营养不良，但是多吃一点的话，还是不至于饿死的。

营养？灰太狼：我有优势我自豪！

提到喜羊羊与灰太狼的狼羊组合，汤姆和杰瑞这对经典的猫鼠冤家，也该拉出来围观一番了。同样无法享用到理想的食物，汤姆却仍需要主人喂以牛奶和鱼、肉类，才不会因缺乏必需营养素而死，而灰太狼就不用担心这些问题啦！

猫体内不能合成牛磺酸，只能通过食物摄取，牛磺酸对猫的繁殖、心肌功能、神经系统和免疫系统都有重要作用。这种必需但却无法合成的营养物质还包括维生素 A、花生四烯酸等。而犬则可以自身合成牛磺酸和花生四烯酸，因此，这两种物质在狗粮中可能不会特别添加，猫粮中则是必须添加的。

传统的中国农村家庭大都养狗看家护院、养猫防患鼠害，而多数人又不会给家中的猫狗提供足够的动物性食物，最多喂食肉汤拌饭等。或许，正是因为对牛磺酸等营养素的需求，让猫不断捕鼠为食，维持了几乎全部肉食的食性，而狗由于能合成绝大多数营养物质，则被渐渐驯化成了今天以肉食为主的杂食食性？

chapter 4

思考

我是谁？

　　春晚小品中赵本山的一句"下蛋公鸡，公鸡中的战斗机"红透了大江南北，高考生物卷也出现过母鸡变为公鸡，与正常母鸡交配求后代性别比例的题，而某大叔或大妈家的"母鸡变公鸡"的新闻更是时常见诸报端。母鸡打鸣，公鸡下蛋，这种事情，究竟是怎样的状况？

要弄清楚公鸡母鸡性别转换的事情，首先得对它们的性别做一个清晰的界定。

性别，指的是雌雄两性的区别。众所周知，高等动物的性别是由性染色体决定的。人类有一对性染色体，男性为 XY，女性为 XX，大多数动物也遵循 XY 性别决定规律；而在一些蛾、蝶、蜥蜴、蟾蜍和鸟类身上，则是 ZW 染色体决定性别，雄性为 ZZ，雌性为 ZW。

但上述的性别定义其实只是"染色体性别"，指"由性染色体决定的性别"，除此之外还有"生殖腺性别"和"表型性别"两种概念。生殖腺性别是两性生殖器官的区别，如女性体内有卵巢和子宫，男性则有睾丸和附睾等；而表型性别指雌雄之间的次级性征和调节性行为的神经结构方面的差别，如女性隆起的乳房和男性的喉结、胡须。

绝大多数个体的生殖腺性别和表型性别都是由染色体性别控制的，但在"母鸡变公鸡"的案例中，则出现了染色体性别不变，生殖腺性别和表型性别反转的情况。变成公鸡的母鸡其染色体依然是 ZW，但体内长出了睾丸，分泌雄激素，从而开始停止生蛋、长出鸡冠和长尾羽、打鸣甚至具备使其他母鸡受精的生理功能。

性反转，不是鸡的专利

其实，"母鸡变公鸡"这样的变性行为并不只是鸡的专利。

在自然界中，这种有功能的雄性或雌性个体转变成有功能的反向性别个体的现象叫做"性反转"。性反转只发生在生殖腺性别水平以及由此引起的表型性征的变化，而不涉及染色体性别。哺乳动物的生殖细胞只能朝向性染色体所决定的性别发育，因此至今未在哺乳类中发现过具有功能的性反转。但在鱼类、两栖类等中，则可出现有功能的性反转。

引起性反转的因素很多，如动物的生理状态、外界环境以及激素处理等。一些鱼类，比如黄鳝，可在正常情况下出现雌雄同体以及自发性反转，雌雄同体的个体具有两个类型的性器官，其发育可先后交替，即"先雄后雌"或"先雌后雄"。

环境因子也可诱导性反转，去掉一群鱼中的雄鱼，能促使部分雌鱼变成雄鱼并产生正常的精子。生活在澳大利亚沙漠中的鬃狮蜥的胚胎能在高温环境下改变性别，由雄性摇身一变成为雌性，不过，虽然有雌性器官，从基因上来说它仍然是雄性。黄鳝也有独特的性反转现象，它们从胚胎期到初次性成熟时都是雌性，生殖腺为卵巢，产卵后卵巢逐渐变为精巢，变为雄性个体。

母鸡变公鸡的新闻常有耳闻，但在自然条件下，公鸡变母鸡就要罕见得多了。

这是因为只有雌鸟才存在生殖系统发育不对称的现象。鸟类胚胎的生殖腺来自于生殖嵴，生殖导管则来自于苗勒氏管和沃夫氏管。在雌性中，左侧性腺和苗勒氏管发育成具有功能的卵巢和输卵管，而右侧保持原基状态，这是为了保持体重利于飞行而进化出来的。在雄性中，性腺和沃夫氏管则发育成对称的、双侧生殖系统，而苗勒氏管退化。

鸟类的性别虽然最初由性染色体决定，但性别的分化则在孵化阶段中受性激素所控制。正常情况下 ZW 胚胎的雌性生殖腺优先发育并分泌激素，是这些激素促使雌性特征发育，同时抑制雄性生殖腺的发育；ZZ 胚胎则相反。因此如果在孵化的早期阶段，用雌激素处理鸡胚，可引起雄性胚胎出现不同程度的雌性发育。

由于成年母鸡体内只有左侧的卵巢输卵管发育，一旦它在外界刺激下病变损坏，则不再能产生足够的激素，这时右侧未分化的生殖系统原基不再受到激素的抑制，便发育为睾丸，母鸡从而变成能生育的公鸡，就出现了"牝鸡司晨"的情况。

事实上，有过乡村生活经历的人都可能意识到，在自然状态下，与公鸡要做女娇娥相比，母鸡变身男儿郎，那可真是容易太多了。

悬疑小说作家蔡骏的《蝴蝶公墓》中有一种昂贵且诡异的"卡申夫鬼美人凤蝶"：它左翼有个美人，右翼有个骷髅。现实中，这并不美好。长着截然不同的左右翅膀的蝴蝶往往是"雌雄嵌体"。如果套用到人类身上，你可以想象一下全身无可挑剔的美女，就左边腮帮子上长满了大胡子……

昆虫的"雌雄嵌体"或"雌雄嵌合"现象和雌雄同体完全是两回事：雌雄同体是某些动物的正常现象，指的是卵巢与精巢并存于同一个体中；雌雄嵌体则是一种畸形现象，指某些本来应该雌雄异体的昆虫，身体一部分形态表现为雄虫，另一部分表现为雌虫。虽说是个例，但雌雄嵌体在昆虫中也是遍地开花的：单是已被人们发现了的，就有 14 目 83 科 283 例。

　　雌雄嵌体的昆虫中，最著名的就是"阴阳蝶"了，一边翅是雄性，一边翅是雌性。蝴蝶的翅本身就很漂亮，加上它们雌雄翅面花纹差异很大，所以一"阴阳"起来就格外引人关注。"卡申夫鬼美人凤蝶"的灵感大概就脱胎于此。

　　在昆虫中，鳞翅目（蝶和蛾）的雌雄嵌体最为常见，其次是膜翅目（蜂和蚁）和双翅目（蚊和蝇）。奇怪的是，在昆虫乃至整个动物界中种类最繁多的鞘翅目（甲虫）中雌雄嵌体的案例数反而名列第四。

除了蝶蛾，其他昆虫也有左右对称的雌雄嵌体。例如这只采于北京的普通马蜂（*Polistes nimphus*）（Christ, 1791），左雌右雄，左右对称。生殖器也可耻地混搭了。

绿鸟翼凤蝶（*Ornithoptera priamus*）（Linnaeus, 1758）的雌雄嵌体，它飞起来一定很跑偏。

这只印度柞蚕（*Antheraea mylitta*）不单是左右翅，就连身体也一分为二，一半雄一半雌。

雌雄嵌体的襟粉蝶，非常惊艳。

引发雌雄嵌体的原因可能有以下 5 种：部分受精、重复受精、染色体分离异常、性染色体异常缺失及常染色体连锁互换异常。总之，就是各种各样的异常会造成雌雄两性在一个个体身上混搭得五花八门……

所以，不要以为雌雄嵌体就是左右对称地相敬如宾，事实上它完全没这么规矩，雌雄特征分布得非常随机，就像美女长了半边脸胡子、猛汉长了半边胸那么随机，于是昆虫们就不得不面临这样的尴尬。Hotta 和 Benzer 两位科学家研究了 477 头雌雄嵌合体果蝇，总结了它们到底有多少种"嵌法"。让我们看看果蝇的情况能有多纠结吧。

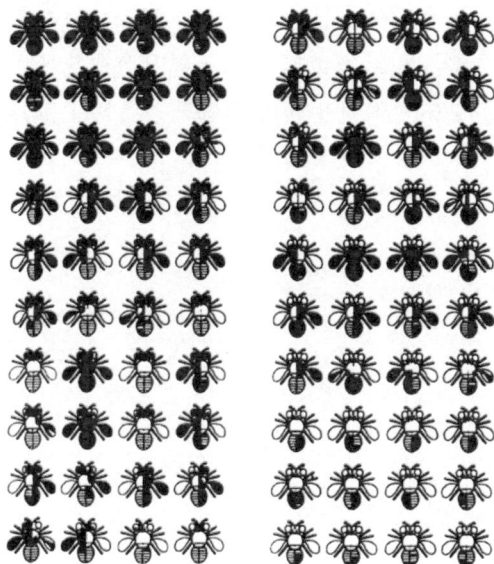

图中的果蝇身体黑色的部分为雌性。就好比上帝往它们身上随手泼了些墨水，有墨点的地方就是雌的，没有墨点的就是雄的……够随机吧？正常果蝇交配时，只有雄性果蝇才有翅振现象，左侧 40 位同学无翅振现象，右侧 40 位有翅振现象。也就是说，左边的偏雌性多一点，右边的偏雄性多一点……

现在知道了吧？正常的昆虫看到雌雄嵌体昆虫时，不会像我们看到人妖一样惊艳，而是会怒斥"吓死人啦！"但是，邪恶的人类偏偏要以科学的名义制造出这种怪物。比如他们利用某些突变诱导因子，例如控制温度等，就可以诱发果蝇变成雌雄嵌体。很多蝶商就用类似的方法制造出"阴阳蝶"然后做成标本出售。

要知道，雌雄嵌体昆虫大部分是没有"性福"的。Hotta 和 Benzer 研究了 208 例雌雄嵌合体果蝇，发现仅有 130 头有求偶行为，99 头有试图交尾的动作，最终只有 23 头完成交尾。而对蚂蚁而言，正常的工蚁根本就不让雌雄嵌体的妖孽在窝里待，会立刻把它赶出家族。孤独的嵌体们游荡在宇宙间，眼看着异性就长在自己身上却享受不到快乐，令人唏嘘……什么？如果你觉得这种"雌雄同体"看起来也挺有趣，可以自己生殖的话……那请想想，你长了 2/5 的男性生殖器和 3/5 的女性生殖器，你自己试试看？！

成双成对的，
未必是鸳鸯

鹰之舞

　　春天和初夏，在北京的公园里总是能见到成双成对游泳的"鸳鸯"……你瞧仔细了吗？不是所有在繁殖期成对的"鸭子"都是鸳鸯。究竟哪些是鸳鸯，哪些才是其他的野鸭呢？我们得看一看鸳鸯和最常见的野鸭——绿头鸭的区别（可千万不要因此而不相信爱情了哦）！

鸳鸯：经常被误会的文化符号

鸳鸯（*Aix galericula*）应该是国人皆知的动物形象了吧，大家都知道公的叫"鸳"，母的叫"鸯"。不过，在野外或动物园仔细观察过它们的恐怕不多。

鸳鸯一向是夫妻的象征，但因此以为它们情比金坚就是误解了，这种鸟儿尽管老是成双成对扮恩爱，但"鸳"身边的"鸯"却是常换常新的，它们并不从一而终。其实，我们的文化中关于鸳鸯的错误还远不止这点。

绣着鸳鸯或是画着鸳鸯的以示深情的手工艺品也相当常见，在这些精致作品中，图中前面这只羽色艳丽的雄鸟——"鸳"——是必不可少的主角；因为它长相喜人，手工艺人们往往十分青睐"鸳"而无视了后面那只颜色黯淡的"鸯"，一厢情愿地将两只"鸳"华丽丽地凑成了一对儿。正所谓"鸳鸯相抱何时了"，唉，这个"性别不是问题"的时代已经没有什么可以阻止它们了。

言归正传，让我们来仔细看看"鸳"君。无论何时，它都是这样鲜艳，红色的嘴儿，红、绿、紫，简单的色彩描述已无法涵盖它如此丰富的妆容。最为特别的是，它的最后一枚三级飞羽特化成了背部橘色的帆状结构，这是其他鸭子所没有的特征。三级飞羽其实就是翅膀最内侧的羽毛，生长在相当于人类的上臂的位置。"鸳"君的三级飞羽异常夺目，而大部分鸟类的三级飞羽都不怎么明显，甚至很少被提及。

我是三级飞羽

鸳鸯（*Aix galericula*）。

鸳鸯的雌鸟虽然色彩低调，但白色的眼圈和眼后的白纹还是别具一格的。

比起"鸳","鸯"显然逊色许多，全身都是这样的灰色，就连嘴也是灰色的，只有当你看到她白色的眼圈后面还连着一道随头部弧度而下弯的白纹（就像一把没有齿的钥匙），你才能把她和别的母鸭子区分开来。

《花间集》里有一句描写鸳鸯的词："不是鸟中偏爱尔，为缘交颈睡南塘"（牛峤《忆江南》）。当时读此句颇觉浪漫，待说与贤夫听时，他便笑我，说鸳鸯是在树上做巢，夜间是要睡在树上的，何来睡南塘一说。于是艺术在科学面前，又一次红了脸。

绿头鸭：也许最常被叫做"鸳鸯"的野鸭

我是尾上覆羽

一张极标准的绿头鸭（*Anas platyrhynchos*）雄性繁殖羽的图鉴照，卷起的尾上覆羽是它独有的特征。

这便是常常被不明真相的群众指认的"山寨鸳鸯"了：雄性绿头鸭。绿色的头，黄艳艳的嘴，葡萄褐色的胸脯，还有白色的项圈，都是让人们觉得它鲜艳、好看的组成因素，于是不假思索便说，看，那里有鸳鸯！

个人觉得绿头鸭还有一处很出彩的地方，就是尾上覆羽中央两根上卷的黑色羽毛，特化成了一个"高贵的小卷"。

雌性绿头鸭着实没什么特色，无论何时全身都是褐色的，就连嘴上都有一块深色的斑，整个儿就黯淡无光。至于身上羽毛的斑斑点点——几乎所有种类的母鸭子都是这副样儿。即使做了母亲，这只母绿头鸭仍旧如此低调，甚至连母鸳鸯那样稍微有点个性的白色眼圈都不愿意拥有。

看到这儿你也许觉得绿头鸭的雌雄是如此好区分，就像鸳鸯一样，雌鸟明显没有雄鸟鲜艳。这时你便犯了不完全归纳产生的错误。

且看后图中这一对儿，是不是很像两只母绿头鸭？浑身褐色、斑点，没有一点特别出彩的地方。可是事实总会让你大跌眼镜——画面近处这只，是如假包换的公绿头鸭。这个羽色，出现在繁殖季之后换羽之时。每年公绿头鸭在繁殖后期总会到离巢一定距离外脱去鲜艳的繁殖羽，换上这种素色的"蚀羽"（eclipse plumage），待到冬季再陆续换回繁殖羽准备来年的配对和繁殖。蚀羽可有效降低被捕食的危险，保证了自身和家族的安全。

那么如何在绿头鸭换上蚀羽的季节区分雌雄呢？方法非常简单：看嘴。对比前面三张照片，你会发现无论是什么羽色，公绿头鸭的嘴永远是全黄色的，而母绿头鸭的嘴则是橙色中间画了一块黑斑。这个鉴别特征即使在距离稍远时也完全能够辨识得出。

换上了"蚀羽"的雄性绿头鸭看上去就和雌性差别不大了，只有鲜黄的喙、头上残留的依稀绿色的金属辉光还在显露着它的性别。

因此不管它们穿着什么样的外衣，你都能一眼区分开谁是美娇娘谁是男儿郎。

再透露一个小秘密：其实鸳鸯和绿头鸭都是雁形目（Anseri-formes）鸭科（Anatidae）的，它们一样会有"难看"的"蚀羽"。

比较了这么多之后，对着绿头鸭"乱点鸳鸯"这样的事情就不会再发生了吧？

给圣诞老人
拉雪橇的到底
是什么鹿?

紫鹬

　　那个家住北极、身穿大红袄、赶着鹿拉的雪橇，给全世界小朋友送礼物的白胡子胖老头每年只工作一天，也许收到礼物的小朋友们还记得他圆圆胖胖的慈祥样，可你们还记得他的鹿长什么模样吗?

　　时常听到有人说麋鹿在给圣诞老人拉雪橇，这实在有点让人抓狂：天可怜见，本来就已经够珍稀的麋鹿们会被冻死的！至少，它应该是一种可以在寒带地区生活的鹿，对不? 在欧亚和北美大陆北方的广阔森林和苔原，生活着好几种大型的鹿，分别是马鹿、驼鹿和驯鹿。即使谷哥和度娘告诉大家，为圣诞老人拉雪橇的是驯鹿，并奉上驯鹿的写真若干，恐怕大家还是会觉得鹿们都长得差不多吧。

麋鹿〔*Elaphurus davidianus*〕是我国的一个特有物种，不过属于出口转内销。它曾经分布在从东北到华南的各种湿地，可是在 20 世纪初就在中国绝迹了。幸亏英国的 11 世贝福德公爵私人搜集了 18 头圈养在自家庄园，这个物种才免于灭绝。到了 20 世纪 80 年代，英国分两批向中国捐赠了 38 头麋鹿，麋鹿这才算是重返故土……

说完老掉牙的故事，说重点：麋鹿的长相。麋鹿应当是少有的尾巴很长的鹿，尾巴上还有黑色的一簇簇毛，因此被认为像驴尾巴。而且它的脸也很长，长得有点像马。另外它的蹄子像牛而脖子像骆驼，因此被称作"四不像"……当然不同的人会用不同的四种动物作为比较，但是，那个长尾巴和长脸应该是很难认错的啦。圣诞老人驾着这样的四不像出去发礼物，会吓着小朋友的……

其次，鹿角要足够奇异！

于是长着比较正常鹿角的马鹿被淘汰。马鹿〔*Cervus canadensis*〕，鹿科鹿属，所以长着典型的树枝一样的鹿角。马鹿在北半球温带到寒温带森林中常见，而且个子也很大，肩高可

麋鹿（ *Elaphurus davidianus* ）。

马鹿（*Cervus canadensis*）。

达 1 米到 1 米 5。马鹿的特征是脖子和身体有突然的颜色变化，尤其是在东亚和北美的马鹿中，这个深色的脖子比较明显。

麋鹿和马鹿都是真正的鹿，属于鹿科鹿亚科（Cervinae）；而剩下的两种（驼鹿和驯鹿），严格地说不属于狭义的鹿，属于鹿科狍亚科（Capreolinae），它们都有"非典型"的鹿角：角会长成板状，而且容易长得左右不对称……

其实驼鹿和驯鹿还有一些共同的特征：它们的毛很丰富，比如鼻子上的毛很多，比如雄鹿脖子下面都有下垂的长须，像圣诞老人的胡子。请继续往下读，雪橇鹿选秀已经到了二进一决赛了……

等一下，我有说过一定要奇异到不像角了吗？

完全长成一片，像两个手掌形的东西顶在脑袋上，这……也太过了吧？长成这样的是驼鹿，而不是驯鹿。

驼鹿（*Alces alces*），这是世界上最大的鹿，肩高 1 米 7 到 2 米 1，而且肩部明显隆起，再加上鼻子宽大，所以有点像骆驼。驼鹿和马鹿一样，生活在欧亚和北美大陆北部的森林，不过分布的纬度更高，它们自带雪地鞋——张开的蹄子。这庞然大物还是游泳好手，曾创造过游过 1 公里宽的湖面的记录。

不知道为什么驼鹿没有被圣诞老人相中，难道是因为成年雄鹿的掌状角？或喉咙下只有小撮胡须，还有个肉垂？比较靠谱的理由也许是由于驼鹿是嗅觉动物，视力不好，圣诞老人的雪橇可是需要"飞行员"呢。

驼鹿（*Alces alces*）。

驯鹿（ *Rangifer tarandus* ）。

于是我们的主角终于登台了！驯鹿（*Rangifer tarandus*），在英国叫做 reindeer，在美国叫做 caribou，请大家不要再认错了。前面用了那么多排除法，现在让我们来勾勒驯鹿的外貌：长着珊瑚形状的角，一些部分连成板状且左右不对称，脖子上有像白色的胡须一样的长毛，尾巴短，脸不长……

驯鹿是一种适应苔原生活的古老鹿类，分布范围在本书介绍的四种鹿中最靠北边，被圣诞老人选中，多少有点近水楼台先得月的意思。好吧，也许真正的原因是，驯鹿适应严寒，为了在雪下找食物，它们的嗅觉很灵敏，而且视觉也不差。

有趣的是，驯鹿两性都有角，这在鹿类中是很特别的。大概鹿角可以让它们更方便地从厚厚的积雪下刨出食物吧。果壳网谣言粉碎机说，圣诞老人的驯鹿都是母的，因为公鹿在 12 月底的时候鹿角已经掉了。这是没错的。可是，为什么圣诞老人的驯鹿大多都给起的雄性的名字呢？驯鹿的身份这次真的"扑朔迷离"了。

从这里开始，与科普无关

圣诞老人的驯鹿还可以飞，就不能公鹿永远不掉角了吗？请看阿拉斯加渔猎管理部门（Alaska Department of Fish and

Game）对圣诞老人的驯鹿的"科学"描述：

分类：

Rangifer tarandus saintnicolas magicalus 圣诞老人的魔法驯鹿，驯鹿的一个亚种。

亚种描述和区别：

R. t. saintnicolas magicalus 与驯鹿的其他亚种外貌十分相似，但也有一些显著不同：驯鹿的其他亚种中，成年雄性的鹿角都会在每年 10 月底掉落，只有未成年的驯鹿会将鹿角保留到第二年 4 月。关于 *R. t. saintnicolas magicalus* 的鹿角是否会掉落，目前还没有相关研究，只有 12 月底的几次偶然目击显示它们的鹿角都看似十分健壮且全部被茸毛覆盖。

本亚种的另一个特征是拥有飞行的能力。通过圣诞老人一家的人工训练，目前只要频繁地给本亚种的个体喂食胡萝卜，它们就可以在极短的时间内飞越极长的距离。

家域和种群：

R. t. saintnicolas magicalus 分布在北极，只有 9 个个体。但它们并不属于濒危的亚种，因为它们受到了圣诞老人夫妇和一群经过特殊训练的精灵的照顾，死亡率为 0。虽然一些因素曾威胁过它们的生命，比如雪天屋顶太滑，或者洛杉矶国际机场航班过于繁忙等。

基因库：

种群中有一个个体，名为 Rudolf，拥有独特的基因突变：它生而具有大红色的鼻子，并且可以发光。这大大适应了在雾气浓重的平安夜的远途飞行生活。

那些名字很
难认但是很好
吃的鱼们
among

　　"鲔、鲵、鳅、鳕、鲋、鲩、鲥、鲟、鲆、鲣、鲒、鲇……"
你是否被日式料理店壁纸上这样一堆汉字轰炸过？如果你不常把
字典当做食谱钻研，当时就"乱鱼渐欲迷人眼"了吧……别急，
我们来把墙上的汉字，还原成新鲜美味的食材。

鲔？听上去好陌生，它其实就是指金枪鱼，也叫吞拿鱼。金枪鱼是鲈形目鲭科鲔属一类鱼的统称，一般常见的有黄鳍金枪鱼、蓝鳍金枪鱼、长鳍金枪鱼等。黄鳍金枪鱼（*Thunnus albacares*）是一个单独的物种；而"蓝鳍金枪鱼"是三个物种的统称：大西洋的北方蓝鳍金枪鱼（*T. thynnus*）、南方蓝鳍金枪鱼（*T. maccoyii*），以及太平洋蓝鳍金枪鱼（*T. orientalis*）。金枪鱼是一种洄游鱼类，广泛分布在三大洋温暖海域，大多数金枪鱼种还算常见，但大西洋的蓝鳍金枪鱼已因过度捕捞而濒临灭绝。

南大西洋的南方蓝鳍金枪鱼在世界自然保护联盟红色名录上被列为极度濒危（CR）。金枪鱼是鱼类里的游泳健将，梭形的身体在海水中穿行自如，平均每小时可以游到 35 公里以上，全速游动的话可以达到 160 公里，这样的速度如果一刻也不停地从上海游到东京只需要 18 个小时！金枪鱼味道鲜美，尤其是蓝鳍金枪鱼，由于其肉质结实细嫩，口感爽滑又带些脆感，是做生鱼片和握寿司的首选材料。"鲔鱼无罪，怀璧（肉鲜）其罪"，蓝鳍金枪鱼已经在人嘴之下濒临灭绝了。所以就算再美味，大家也要管住嘴，不要让自己成为压垮濒危动物的最后一根稻草哦！

在这里，还有一个关于"鲔"字的小笑话，古代中文中鲔字指鲟鱼，而"鲔"字传到日本之后，日本人都不认识这个字代表的鱼，只能凭借书中描述来感受，他们觉得金枪鱼最符合，于是就张冠李戴了。

黄鳍金枪鱼（*Thunnus albacares*）。

鲕（shī）：珍贵限量？

在很多寿司店里经常会有一种叫做白金枪鱼的限量生鱼片，它肉质滑嫩，洁白如玉，是很多人垂涎欲滴的良品。

鲕鱼是鲈形目鲹（shēn）科的鲕属鱼类的统称。日本料理中常用的如五条鲕（*Seriola quinqueradiata*），又名青甘鱼。它是生活在东亚海域的洄游鱼类。鲕鱼喜爱盐度高、温度高的海域，每年冬季到东海产卵，春夏随黑潮北上日本。鲕鱼是日本人非常喜欢吃的鱼类之一，早在 400 多年前，日本就已开始用海水网箱养殖鲕鱼。鲕鱼富含脂肪，鱼肉洁白细嫩，和金枪鱼一样用来做生鱼片和握寿司，于是鲕鱼也被叫做白金枪鱼。鲕鱼味美，但是千万不能多吃，因其富含油脂，吃多了拉肚子可不好，这也是它常常限量供应的原因——可不仅是因为珍贵呀！

鳕（xuě）：当心伪品！

美味的鳕鱼本应是人们的最爱，可在几年前，"假鳕鱼"却闹得人心惶惶，无人敢买。要想知道此事的来龙去脉，还得从真正的鳕鱼说起。

鳕鱼是鳕形目鱼类的统称，它们是鱼类中的"北极熊"，可以在冰水中生活自如，世界上最耐寒的鱼类就属于鳕形目。鳕鱼

五条鰤（*Seriola quinqueradiata*）。

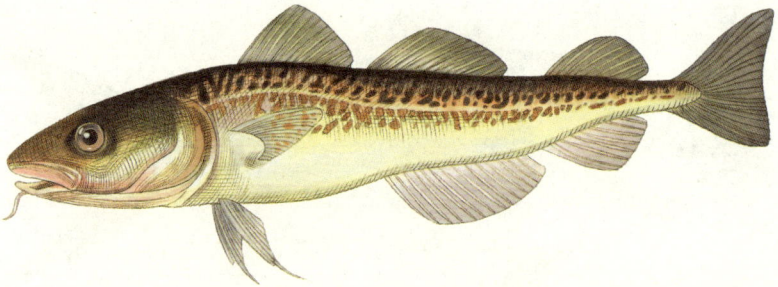

大头鳕（ *Gadus macrocephalus* ）。

黄线狭鳕（*Theragra chalcogramma*）。

喜欢群居，贪吃成性。我们常吃的鳕鱼是产于北太平洋的大头鳕（*Gadus macrocephalus*）和长尾鳕蓝鳕鱼（*Micromesistius poutassou*），而后者是快餐店的鳕鱼堡的原料。在韩式料理中常常听到的明太鱼，它其实也是一种鳕鱼，是产于白令海到日本海之间的黄线狭鳕（*Theragra chalcogramma*）。由于近百年的过度捕捞，鳕形目的一些成员已被列入濒危鱼种，捞捕量被严格限制。鳕鱼好吃，自然就会有赝品出现，超市里常会把银鳕鱼 [鲉形目（Scorpaeniformes）黑鲉科（Anoplopomatidae）裸盖鱼（Anoplopoma fimbria）] 当做鳕鱼来卖，遇上无良商家，甚至会用不宜食用的油鱼来骗钱。油鱼是鲈形目带鳍科（Gempylidae）棘鳞蛇鲭（*Ruvettus pretiosus*）和异鳞蛇鲭（*Lepidocybium flavobrunneum*）的统称，富含蜡酯，可以导致严重腹泻，难怪前些年"假鳕鱼"事件之后，人们恨屋及乌，对鳕鱼一并避之若浼。

鲋（fù）：海鲫非鲫？

鲋鱼就是大家常吃的鲫鱼 [鲤形目（*Cypriniformes*）鲤科（*Cyprinidae*）鲫属（*Carassius*）]，是我们再熟悉不过的淡水鱼。今天我们不说淡水里的鲫鱼，而要说说海鲋。海鲋常指黑鲷（diāo），因为它个头颜色很像鲫鱼，所以便落了个"海鲫鱼"的别称。

黑鲷是鲈形目鲷科体色青灰鱼类的统称，它生活在近海区域，白天远离海岸，晚上会趁涨潮到岸边的礁石丛里寻找食物。如此习性使得黑鲷不幸成为海钓的最好目标，加上它肉质可口，便成了东亚沿海人们最爱吃的鱼类之一。

鲆（píng）：比目双飞？

鲆鱼指鲽（dié）形目的一些种类，例如：多宝鱼又叫大菱鲆，属于鲽形目菱鲆科。鲽形目其实就是"比目鱼"，两只眼睛都长在脸一边。古人没见过海里的比目鱼，想当然地以为比目鱼仅一边有眼，须两两"合体"才能游走自如，因此把它们看做模范夫妻。不过，事实上比目鱼并不成双入对，并且，人家是横着游泳的！比目鱼善于伪装，大多数时间它们都把自己埋在海沙里，坐等那些眼神不好使的小鱼虾送上门。

比目鱼的名字很有意思：体大而宽、有明显尾巴的种类中，眼睛长在左边的叫做鲆，若长在右边则称鲽；对于那些长舌形、尾巴不明显的种类，眼睛长在左边的称为舌鳎（tǎ），反之叫做鳎。大家再吃多宝鱼的时候，不妨瞧瞧它的眼睛是不是真的长在左边。

鲣（jiān）：天然味精！

在温暖的海域中，生活着一种数量庞大的鱼群。它们是大型鱼类和鸟类的饵料，同时也是鲸鱼、鲸鲨的伙伴。它们总是数十万条一起行动，一起捕食，如同训练有素的士兵，没有一条会捣乱，也没有一条会掉队，这种鱼就是鲣鱼。鲣鱼是鲈形目鲭科鲣属的统称，味道以鲜美著称，日式料理中经常用做烤鱼和生鱼片。

提到日餐就无法避开木鱼花，不过别以为木鱼是特殊品种，也别以为它和和尚的法器有关。木鱼其实就是用鲣鱼做成的：把鲣鱼去皮骨蒸制，然后烟熏至熏干，才制成如木头一样坚硬的"木鱼"。用小刨子把木鱼刨成细碎透明的木鱼花，就得到了日式料理中最常用的鲜味调味品，堪称天然味精。

江湖传说！谁是最大的淡水鱼？
linki

它们拥有强大的气场，动辄长达数米、重达数百公斤的巨大体型常常让人瞠目；它们逃过一次次的捕杀，也在不断的猎食中成长为流域内的王者；它们生活在浑浊的大江大湖，江湖也一次次流传着它们出没的传说；它们，就是寿命长达数十年的大型淡水鱼。作为陆地生活的动物，我们很难理解在水里是一种怎样的生活。那或平静或湍急的水面之下，又有多少尚未知晓的秘密？随着人类的触角不断地伸向大自然的各个角落，那些神秘的大鱼们，也不时呈现在我们面前。

目前，全世界淡水中发现的大鱼种类大概有20种，其中最有名的包括湄公河巨鲶、黄貂鱼、鳇、白鲟、福鳄、巨骨舌鱼等。那么现有的记录中，谁才是江湖里大佬中的大佬，谁最能配得上最大淡水鱼的称号呢？

看过电影《大鱼》吗？在那部赞颂父爱的经典电影里出现的那条"大鱼"就是一条鲶鱼。虽然看上去也挺大，但跟湄公河里的巨无齿鲢（máng）比起来，还是逊色得多。巨无齿鲢（*Pangasianodon gigas*），又称为湄公河巨鲶，生活在 10 米深的主河道中。2005 年在泰国捕获的一条雌性湄公河巨鲶，身长 2.7 米，重 293 公斤，成为有确切记录以来捕获的最大淡水鱼。湄公河巨鲶的远方亲戚们，如欧洲的欧鲶（*Silurus Glanis*）和南亚的坦克鸭嘴鱼（*Bagarius yarelli*，这中文名起得如此霸气），也可以长到非同寻常的巨大体型，后者还曾背过袭击人类的恶名。

不知是否还有人记得"鳄鱼猎手"史蒂夫·艾尔文，2006 年，这位澳大利亚野生动物专家在拍摄纪录片时正是被一条黄貂鱼刺中心脏而不幸身亡。

黄貂鱼是魟（hóng）科鱼类的俗称，大部分种类生活在海洋中，少部分生活于南美、非洲及东南亚淡水水域。黄貂鱼习性类似比目鱼，通常埋于水底沙泥中，只露出双眼和呼吸孔，有时用胸鳍做波浪状运动贴着水底游动。

巨型淡水黄貂鱼，学名为查菲窄尾魟（*Himantura chaophra-ya*），是目前已知最大的魟科鱼类及最大的有毒鱼类。体长（算上 2 米多的尾巴）可达 4 米，重量可达 500 至 600 公斤，不过这些数据并没有权威记录，只是估算。

鲟（sturgeon）

鲟科的鱼类中，有好几种都具有竞争世界最大淡水鱼称号的实力，包括鳇（*Huso dauricus*）、欧鳇（*Huso huso*）和高首鲟（*Acipenser transmontanus*），而名头最响的中华鲟（*Acipenser sinensis*）与它们比起来只能甘拜下风。许多种类的鲟都具有洄游的习性，大部分时间在海里度过，因此也有人将其视为海鱼，但大部分科学家还是将它们归为河鱼。

鳇，又名达乌尔鳇，是凶猛的肉食性鱼类，主要分布黑龙江流域。在遥远的欧洲它们有个表亲：欧鳇。欧鳇的体型更大一些，据称 1827 年曾有人在伏尔加河河口处捕获一条欧鳇，长度为 7.2 米，重达 1476 公斤，这已经远远超过了湄公河巨鲶和巨骨舌鱼的纪录。虽然达乌尔鳇体型硕大，但它们也能在海里面生活，所以最大"淡水"鱼的称号它就不能享用了。

鲟和鳇是鲟科中最重要的两个属，有时也将两者并列，称"鲟鳇鱼"，对应英文中的 sturgeon。高首鲟，虽然叫 white stur-geon，但与下文将要提到的"白鲟"却是两个不同的物种。高首鲟生活在北美，被认为是北美最大的淡水鱼。据称最大的可以长到 6.1 米长，816 公斤重。

在鲟科鱼类的体型大小排行榜上，高首鲟仅次于欧鳇和达乌尔鳇，排名第三。

匙吻鲟（paddlefish）

匙吻鲟科仅有两属两种，分别为白鲟（*Psephurus gladius*）和匙吻鲟（*Polyodon spathula*）。白鲟，或名中华匙吻鲟（Chinese paddlefish），又名中国剑鱼，又因其吻长如象鼻，也被叫作象鱼。与中华鲟一样，它主要生活在长江中下游流域。白鲟主要摄食浮游动物，成体可达 2 米以上。据闻 20 世纪 50 年代曾有渔民捕获 7 米长的白鲟，但这一纪录并未得到确证。让人感到痛心的是，白鲟已经差不多有十年没有出现过了，被怀疑已经灭绝。

匙吻鲟，又名美国匙吻鲟，生活在密西西比河流域，它的吻跟船桨极为相似。

巨骨舌鱼（arapaima）

巨骨舌鱼（*Arapaima gigas*）是一种被称为活化石的古老鱼类，现在主要生活在南美的亚马孙河流域，成体体长可以达到 3

米以上，重达 200 公斤。巨骨舌鱼具有巨大的经济价值和观赏价值，因而受到大范围的猎杀。更要命的是，巨骨舌鱼虽然体型肥大，但是它们还擅长跳跃，时不时游到水面呼吸新鲜空气，受到威胁时甚至可以跃出水面——总之使自己变成了更明显的目标，所以很容易被捉到。如今，创纪录的大型巨骨舌鱼已很难见到。

福鳄（alligator gar）

乍一看这名字感觉很纠结，有个"鳄"字，想必并不是什么善类，偏偏名字前面又有一个"福"字，难道会带来好运吗？

福鳄（*Atractosteus spatula*），又叫鳄雀鳝或大雀鳝。它们的短吻如同鳄鱼，长有两排锋利的牙齿，身上坚硬的菱形鳞片有时会被美洲印第安人拿来做宝石或箭头。作为一种古老的鱼类，福鳄是北美地区最大的淡水鱼之一，长度为 2.4~3 米，成体重量在 90 公斤以上。与大部分鱼类相比，福鳄还有个特长，能呼吸空气，在离开水的情况下甚至能坚持两个小时。虽然有报道怀疑福鳄会袭击人类，但都没有得到确证，说实话，它们虽然长得丑，性情却是挺温顺的。

其他貌不惊人的大鱼出没!

其实，大鱼也不一定都长得像上面几位那么奇特，也有一些看起来比较眼熟的，比如鲈鱼和鲤鱼的 XXX…L 款，看起来和市场上的鱼类很相似，只是体型比较庞大。

不过，与其他的巨无霸淡水鱼相比，上面这两种常见鱼还没法称得上"最大淡水鱼"。最后介绍一下让人意想不到的、可能在最大淡水鱼竞争中搅局、现在还很神秘的淡水鲨鱼。

没错，不仅海里有鲨鱼，淡水里也有鲨鱼。公牛鲨 [低鳍真鲨（*Carcharhinus leucas*）] 是一种在沿岸浅水带常见的鲨鱼，并且是多起近岸攻击人类事件的元凶。不过，公牛鲨并不是真正的淡水鲨鱼。淡水鲨鱼又称河鲨（river shark），目前共发现 6 种。它们行事低调，难得一见，科学家们到现在还搞不清楚其确切分布。这些鲨鱼都属于真鲨科的露齿鲨属（*Glyphis*），能长到 3 米以上，主要分布在东南亚和澳大利亚的淡水河流中。

究竟谁才能算是最大的淡水鱼？众说纷纭。但事实是，随着人类的捕杀和栖息地破坏程度的加剧，这些大鱼的处境可是越来越不妙了。

不过，从生态意义上，体型巨大的鱼类并不见得就比其他鱼类来得重要。巨大的体型决定了它们的数量必定稀少，即使灭绝，对河流生态系统的影响也不是致命的。但就如同华南虎、白鳍豚一样，它们更多的是作为"旗舰物种"，代表着一个地区生态系统能够达到的进化水平，大鱼们的存在，也意味着这些大河、大湖的健康。

对于我们来说，水中的大鱼并不像陆地上的巨兽那样引人注意，但一旦见到，也足够震撼。白鲟这样的大型淡水鱼可能已经无法再见到，但愿其他大鱼，还有那些还未被人类发现的大鱼们，能在地球上有属于自己的一片水域。

2011 年 6 月，凤凰网科技频道发表了一则题为《四川水田惊现 2 亿年前生物鲎虫，或因环境污染变异》的新闻，援引了网友公布的在一个村子里发现的"怪虫"图片，而此前这一事件曾引发了大量讨论，人们纷纷猜测这"怪虫"是外星生物，是远古入侵的"活化石"，甚至是世界末日要来临之前的使者。其实，这则新闻里的主角是在我国长江以北地区很常见的一个物种，我们常常可以在池塘、水坑、稻田及雨后临时积水区见到它的身影，有的群众称之为马蹄管子、土鳖子、王八鱼。它的大名叫做"鲎虫"。

鲎虫虫体扁平，头胸部及躯干前部覆有一片盾形背甲，背甲前缘中央可见一对无柄的左右相互靠拢的复眼，两复眼前有一个无节幼体眼。它们身体分节达 40 节以上，胸肢至少 40 对，胸部与腹部分界不明显，虫体后端有一对柱状细长分节的尾叉。

浙闽粤的同学们可能会觉得鲎虫很像是海洋生物鲎，但是仔细看看，它的腹部却又裸露在背甲之外，尾节是一对柔软的尾叉，这点又与鲎的剑尾不同。成年鲎的长度一般都在 60cm 以上，而最大的鲎虫长度也不过 10cm，因此它们被称为虫一点也不过分。尽管它们被叫做"鲎虫"，在分类地位上鲎虫与鲎却是很不同的。

鲎虫隶属于甲壳动物亚门（Crustacea），鳃足纲（Branchiopoda），背甲目（Notostraca），出现于上三叠纪，全世界仅有 10 余种。仅鲎虫科（Triopsidae）1 个科，鲎虫属（*Triops Schrank*）和鳞尾虫属（*Lepidurus Leach*）2 个属，中国仅报道有鲎虫属。

鲎虫的食性很杂，或滤食细菌，或刮食沉积于水底的有机腐屑，或捕食水蚤等一些小型的浮游生物，但它们是更偏好荤食的，所以在自然生境中，仙女虾、水蚤、孑孓等都是它们的猎物。需要特别指出的是，它们会自相残杀，体型小和刚刚蜕皮的鲎虫是最容易被猎食的。

鲎虫主要生活在临时性的浅水体中，比如雨后或季节性水体中。而在这些水体中，它们通常都是最大最强壮的动物，很少有天敌，因此它们的生活习性和形态变化很小。鲎虫有很多本领，既会爬泳，又能仰泳。在水底，可以看到它们能够快速的爬泳，身手敏捷；在水面上又能经常看到随水流漂来漂去仰泳的它们。

实际上，经常可以发现它们身影的小水坑是由于大水坑蒸发而逐渐缩小的。一般来讲，鲎虫并不长的一生（约 90 天的时间）就是在这种大水坑变小水坑、小水坑逐渐干涸的过程中走完的。当它们所在的水坑快要干涸的时候，便会爬向另外一个积水处。在水面练就的仰泳的本领也会在这时候派上用场，它们会躺在稀泥表面快速地摆动游泳足，把稀泥推向四周，形成一个小小的积水圆坑，当做它们的避难所。

古老的生物 & 脆弱的生命

相信大家最感兴趣的还是新闻标题中的"2 亿年"吧，活了这么久的时间，它们是怎样做到的？

的确，化石资料证实鲎虫是出现于 3.5 亿年前的泥盆纪的古老生物，穿越了这么久的历史长河，仍然能够与我们见面，真可算是当之无愧的活化石。正是由于它们演变的这么缓慢，有人称它们为演化呆滞的类群，也有人称它们为停止参与生命大冒险的生物。达尔文的解释则是把这类生物的出现归因于在它们生存过程中没有竞争。

我们看到的新闻中提到，鲎虫很怕人类对水的污染，在漂满油花、污物的水坑中鲎虫无法生存。有的村民用农药杀灭稻田钻心虫，也会将鲎虫杀死。有人将鲎虫捉回家养在鱼缸里，一夜过后发现它们几乎全部死亡，既然它们这么脆弱，又是怎样挺过这3亿年的光景的呢？

鲎虫大多是雌雄异体，以两性生殖为主，但在特殊情况下也可能雌雄同体，或是进行孤雌生殖。实际上，它们的卵也是有两种：一种是夏卵，这种卵的壳比较薄，产出后便开始发育和孵化；另外一种卵为冬卵，这种卵有着厚厚的壳，在面临干涸的时候，它们会进入"滞育期"，滞育期的卵能够抵御干燥冰冻等恶劣条件，甚至可以帮它们度过几十年的时间。这些特殊的能力很可能是它们能够躲过几个大的地质巨变的重要原因。

宠物 & 食物

北方的孩子们经常会在 6 月前后暴雨过后的水坑中，发现这些与蝌蚪大小、形状都差不多的生命，但善于观察的孩子还是发现，它们的尾巴不能够像蝌蚪那样摆来摆去，的确，它们的尾巴只能当舵用。另外，它们的仰泳姿势、它们用那么多对的脚传递食物的动作，包括它们抱在一起相互打架，都能给我们带来很多的乐趣，所以市场上、网上会有售卖这些小生命当做宠物。根据目前了解到的情况，买到的是滞育期的卵，需要饲养人精心培育才能孵化出来。用来售卖的品种一般都是可以进行孤雌生殖的，这样即使它们的生命周期很短，它们死后留下来的卵又可以孵化，从而可以持续饲养下去。

　　据说北美国家的一些居民吃鲎虫，并把它们当做美味。但这个说法目前没有得到可靠的资料证实。如果它们真的有食用价值，将来会不会成为流行食品呢？这也是一件值得期待的事情。

认清鳗鱼
再下嘴
沙漠豪猪

为什么你在路边的烧烤摊上买的烤鳗鱼和漫画里鳗鱼饭上的烤鳗看起来不一样呢？呃……它们吃起来好像也不一样，它们本来就是不同的物种嘛！各位看清楚了，到底哪种烤鳗才是最正宗的。

看过柯南的人，一定都记得少年侦探团里那个喜欢吃鳗鱼饭的小岛元太，多年以前看着漫画里的描述，我就一直觉得烤鳗鱼是一种没有刺而且味道很好的食物。但是后来大学时候动物学实习去了青岛，在青岛的烧烤摊上看到有烤鳗鱼，买了之后才发现这烤鳗鱼和想象中的完全不一样，奇咸无比这一点还能用烹饪方法来解释，但这遍布全身、细密柔韧的小刺让我们这群孤陋寡闻的北京人实在难以接受，于是一行七八人中最强的一位勇士吃了三口就放弃了。那次回来我一直就琢磨，为啥同样是烤鳗鱼，元太就能大口大口地吃得不亦乐乎，我们就只能对那小刺望而却步呢？到底是元太和我们的结构不一样，还是我们吃的鳗鱼结构不一样？这个问题一直到很久之后我才去抽空查了一下，这才发现鳗鱼这东西烤起来还真没那么简单。

鳗鱼饭的主角：鳗鲡

首先，日本人平常吃的实际上就不只一种鳗鱼，而是包括了鳗鲡目中多种鱼类,这些名字叫 XX 鳗的家伙分属不同的科,当然,它们的共同特点就是身材苗条而且滑溜溜，既有海水产的也有淡水产的。

先来说说元太君最喜欢吃的那种鳗鱼，日本鳗（*Anguilla japonica*）也就是我们中国人说的鳗鲡、白鳝，在日语中叫做うなぎ（UNAGI），这种鱼用日本的方法烤着吃起来是没有什么刺的，它是鳗鲡科（Anguillidae）的洄游性鱼类，不管是在中国还是在日本都是具有悠久食用历史的鱼类，但是它的繁殖方式和繁殖地长久以来一直不为人所知，直到 20 世纪后期才探明它在浩瀚太平洋中的真正产卵地。与大家熟知的大马哈鱼不同，鳗鲡的卵是产在东南亚的深海当中的，孵出的鳗苗长得像片柳叶，一点都不像自己的爹娘，这种扁扁的幼鳗跋涉千里回到淡水河川，等回到老家身体也已经变成了细长的形态，之后在河川中生长发育，性成熟后会再次回到产卵地，产下卵然后死在深海之中。

鳗鲡每年开始向海中进军的时间是在夏秋季节，这段时间也是老江户人认为吃鳗鱼的最佳季节，在每年 7 月 20 日左右的"土用丑日"，东京最红火的就是烤鳗的生意。至于这种烤鳗，在日语中叫做蒲烧（かばやき），也就是元太吃的鳗鱼饭上面那种黑黑红红看上去令人挺有食欲的东西，对于宰杀鳗鲡的方法，在德川幕府的大本营关东地区，人们是从背部下刀剖开鳗鲡的，因为从腹部下刀就好像武士切腹，堂堂的武士怎么能和滑溜溜的鳗鲡一样的死法呢？而现在商业发达，对什么武士道精神也就那么回事，于是就选用最符合解剖学的宰杀方式——从柔软的腹部下刀，以无厚入有间，朴实刚健地把扭来扭去的鳗鲡变成串子上的美味。

另一种美食：可烤可煮的星鳗

日本人喜欢吃的另一种鳗鲡目鱼类是星鳗（*Conger myriaster*），没错，就是《魔力宝贝》里的那种食材。这种星鳗在分类学上属于康吉鳗科（Congridae），在日语中它叫做あなご（ANAGO），写成汉字就是穴子，原因是它没事喜欢在海底泥砂地钻个洞歇着。星鳗在中文里也音译为康吉鳗，和鳗鲡不太容易混淆，不过由于鳗鲡是在淡水中捕捞，而星鳗终生都生活在海中，所以在有的翻译作品中把它翻译成海鳗，这样就和后面要说的两种"海鳗"纠缠在一起不清不楚了。吃星鳗的最佳季节是暮春到夏天，同鳗鲡一样，这段时间也是它的繁殖季节，星鳗的吃法在关东和关西也不一样，关东主要是煮来吃，关西则是烤着吃，而晒干的星鳗是德川家康的老家三河（现属爱知县）的特产之一。

中文名字纠结不清的各种海鳗

产自海水的星鳗被叫做海鳗，实际上中文所说的海鳗另有其物。海鳗（*Muraenesox cinereus*）是海鳗科（*Muraenesocidae*）的鱼类，日语叫做はむ（HAMU），写成汉字是"鱧"，不过并不是我们汉语里说的那种长着蛇一样脑袋的黑鱼。はむ这个名字的词源是牙齿，和圆头圆脑的星鳗不一样，海鳗长着一张狭长的脸，它的吻端向前突出，上唇端还有一个向下的突起，一直咧到眼后的大嘴里密布锐齿，再加上那俩贼溜溜的眼睛，让它看起来就不像善类，至少……在餐桌上它吃起来不是那么友好。是的，这就是我们当年在青岛吃到的那种密布细长小刺的烤鱼。在日本它的吃法也挺多的，煮着、烤着、生着吃都不稀罕，它的皮和卵巢也是日本人喜欢吃的食材，当然，手艺高超的厨师的本事之一，就是想办法排除掉那些细密小刺对食用的干扰。

在水族馆中的另一种被称为海鳗的鱼类，属于鳗鲡目海鳝科（Muraenidae），一般被叫做裸胸鳝，因为它和鳗鲡目的其他鱼类不同，身上没有胸鳍。这些身上花花绿绿的大型鳗鱼在日语里叫做うつぼ，它们看上去长得比海鳗还凶，实际上也比海鳗还凶，是一种凶猛的捕食性鱼类。不过据说吃起来不错，但产量很低，一般很少有人食用就是了。

　　尚不知道海蛞蝓（kuò yú）是什么的同学可以欣赏一下下页的美丽生物。

　　它有个极富诗意的名字叫做西班牙舞姬，很形象吧！当然了，它正式的名字比较恐怖点：血红六鳃。这一类美丽的生物就是海蛞蝓了，名字来自英文 sea slug，是多种壳已经消失或退化的腹足动物的泛称。腹足动物即软体动物门（Mollusca）腹足纲（Gastropoda），用肚子上的肉足贴地走路的蜗牛、田螺等就属于此类，所以海蛞蝓还是蜗牛的海中远亲呢。海蛞蝓通常指后鳃亚纲（Opisthobranchia）的物种，常见的有以海牛们为代表的裸鳃目（Nudibranchia），以及以海兔们为代表的无楯（shǔn）目（Anspidea）。

血红六鳃（西班牙舞姬）（*Hexabranchus san-guineus*），分布：印度洋，西太平洋。

　　裸鳃目中一些种类曼妙的舞姿和五彩斑斓的艳妆，让人叹为观止，堪称海中舞娘。

　　其中最抢眼的大概就是上面这只一身火红长裙的西班牙舞姬了，这个名字来自它的英文俗名 Spanish dancer。

　　在裸鳃目中，西班牙舞姬可是大个子，有些甚至能长到四十五厘米以上。它们很挑食，只吃海绵。平时，这位舞者可以在栖息地里隐藏得很好，受到威胁时，它们会一跃而起，利用炫目的颜色和外形分散敌人的注意力。看来热情的弗拉明戈不单是舞蹈，也是好武功啊。

　　还有一类舞娘，舞姿也许不如弗拉明戈，但它们精妙的服饰一定是最雍容华贵的——这就是裸鳃目海神鳃科（Glaucidae）的一些物种。

　　海神鳃科的 *Glaucilla marginata*，身材娇小，最多只有 1.2 厘米长。服饰上的装饰物是它的露鳃，多达 137 个。而同一科的 *Glaucus atlanticus*，英文俗名又叫"海燕"（sea swallow），能长到 3 厘米，有 84 个露鳃。它们在热带和温带海域全球广布。

　　另一类略显低调的萌娘是裸鳃目多彩海牛科（*Chromodorididae*）成员。多彩海牛没有夸张的外形或舞姿，长相比较符合"蛞蝓"这个称呼，但"多彩海牛"这个称呼不是随便说说的，看看下面，它们的色彩实在可爱！

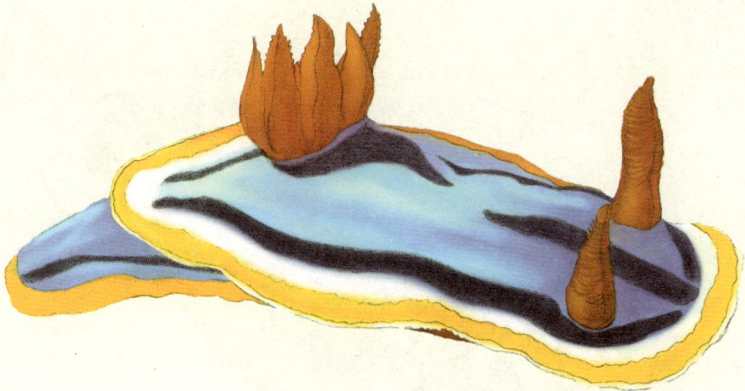

安娜多彩海牛（*Chromodoris annae*），分布：西太平洋。

坚硬雷海牛（*Risbecia tryoni*），分布：西太平洋。

前面的安娜一身蓝衣，斑马条纹，还有黄白的蕾丝边。而上页同为多彩海牛科的这位，穿的就是豹纹了。因为颜色和形态的可爱，还有插画师把它们画成卡通人物，拿着海绵和海星在海底打扫珊瑚礁呢（其实坚硬雷海牛是把海绵作为食物的）。

有科学家发现这种海牛具有追踪行为，它们会紧跟在前一只同类的黏液路径上，所以它们常成对出现。有人曾以为这种行为与交配有关，然而证据不足，现在其机制还是未知。

萌就卖到这里。让我们来看看更多裸鳃目种类。

条凸卷足海牛是种大型的裸鳃类，有时可以长到12厘米以上。它们的色彩十分丰富，主要是黑色、绿色和橙色。当然最引人注目的就是它们头上的嗅角了，它们真是名副其实的"海牛"，还是布绒玩具版的。嗅角是类似蜗牛的触角一样的器官，也就是前面各位萌物头上立起来的"耳朵"。

还有俗称"火焰海麒麟"的 *Bornella anguilla*，长相比海牛更加霸气。它们能长到8厘米，具有独特的"马赛克"外貌。它们在遇到危险的时候会把露鳃收起来，然后像海鳗一样游开。

裸鳃目并非都有华丽的色彩，也有很稀少的无色物种。它通体透明，枝状消化器官在触手般的露鳃里清晰可见。遇到危险时这些露鳃还会脱落。这也是一种很挑食的动物，只吃珊瑚。

无楯目：比较低调

前面的《是男是女靠竞争》一文介绍了无楯目的海兔们雌雄

条凸卷足海牛（*Nembrotha kubaryana*），分布：热带印度洋，西太平洋。

同体，排成一排解决交配问题的盛况……其实裸鳃类和海兔一样，都是雌雄同体，而且长相也有相似之处。无楯目与裸鳃目最大的区别在于，裸鳃类具有色彩斑斓、指状的露鳃（cerata，或称皮肤鳃），而海兔具有很小的内壳和嗅角。从食性上，裸鳃类常吃的是海葵、海绵、珊瑚等，而海兔主要以海藻为食。

有一种海兔，还为科学作出过巨大贡献。分布在加利福尼亚沿海的加州海兔可以长得很大，最大可以达到 75 厘米长——伸展开的时候，大部分成体是这个体长的一半以下。加州海兔的主食是红藻，其体色也因此呈红色或粉色。它们是神经生物学研究的绝好材料，为埃里克·坎德尔（Eric Richard Kandel）获得诺贝尔生理学和医学奖立下汗马功劳。

最后，如果你有机会下海潜水看到它们的话，还有一个小提示：与海兔属（*Aplysia*）不尽相同的是，管海兔属（*Syphonota*）拥有绿白相间的体色和复杂的花纹，更重要的是嗅角的位置更为靠后。

看完这些可爱的小家伙们，我们不得不感叹，海蛞蝓们真是一类神奇的存在。但愿近海的生境不要再被破坏了，不然真难以见到它们华丽丽的身影了呢。

　　住在钢铁森林里的现代人对高空坠物躲闪无方，避之不及，而生活在田园景致的古代人也不是就完全无忧了，因为天上偶尔也能掉些奇怪的东西。加伊乌斯·普林尼·塞坤杜斯（Gaius Plinius Secundus），常称为老普林尼（Pliny the Elder），在他的著作《博物志》中（出版于公元77—79年）提到，古希腊悲剧诗人埃斯库罗斯（Aeschylus）就是被空中飞翔的鹰扔下来的一只龟给砸死的！虽然这个记载的可靠性值得怀疑，但从天而降的龟这种稀罕事，还是值得好好探究一番的。

埃斯库罗斯（Aeschylus，公元前 525—前 456 年）与索福克勒斯和欧里庇得斯一起被称为是古希腊最伟大的悲剧诗人，并有"悲剧之父"的美誉。他极可能是人类历史有文字记载以来，第一位被龟砸死的人，从这个意义上说，也确实挺悲剧的……

而行凶者"某龟"，据记载是被一只鹰给扔下来的，倒是很像《伊索寓言》里那只非得跟老鹰学飞最后掉下来的可怜龟。不过被鹰当成食物叼到空中然后被扔下来，好像更合逻辑一点。所以，对受害人造成直接致命伤害的某龟其实也是名受害者，我们且称它为受害者 2 号。它到底是谁呢？

首先欧洲大陆主要分布了四种陆龟科（Testudinidae）的动物，分别是赫尔曼陆龟（*Testudo hermanni*）、欧洲陆龟（*Testudo graeca*）、缘翘陆龟（*Testudo marginata*）、四爪陆龟（*Testudo horsfieldii*）。这四种陆龟中除了四爪陆龟分布在从阿富汗到中国的西北部，以及俄罗斯、阿塞拜疆、土耳其等国家外，其他三种陆龟在地中海均有分布。因此我们可以将受害者 2 号的范围缩小到三个种：

赫尔曼陆龟（*Testudo hermanni*）：它分布于整个欧洲南部，个头要小于欧洲南部乌龟的平均尺寸，大概在 7~28 厘米，重量约为 3~4 千克。赫尔曼陆龟有三个亚种，其中 *T. h. hermanni* 在意大利西西里就有分布。关于这种小型陆龟的新闻不多，但它貌似也是著名寓言故事《龟兔赛跑》中的主角之一……

欧洲陆龟：欧洲陆龟至少有 20 个亚种，因此这个种的大小、质量和龟背甲颜色变化很大，栖息地的范围也覆盖了欧、亚、非三个大陆，其中一个亚种还分布在北美洲。欧洲陆龟最小的只有 0.7 千克，最大重达 7 千克的也有报道。龟背甲的颜色从深棕色到亮黄色，斑纹则可能从纯色到杂色。

欧洲陆龟经常与赫尔曼陆龟混淆，但仔细观察，它们的形态还是有一些比较明显的差别，比如欧洲陆龟的头顶上有大块的对称斑纹，有更大的前腿，每条腿上都有很明显的距（钉子一样的结构），另外欧洲陆龟的腹部甲壳中心有黑色斑纹，而赫尔曼陆龟则是有两条黑边。欧洲陆龟因为体型娇小、龟壳颜色艳丽、花纹丰富多样而成为欧洲宠物贸易中最受欢迎的品种之一，其中体型最小、最可爱也是最柔弱的亚种——突尼西亚陆龟（*Testudo graeca nabeulensis*），因为有着明亮鲜艳的黄色龟壳，被称为黄金陆龟。由于人类的大量捕捉，使得欧洲陆龟的生存受到了威胁，在世界自然保护联盟濒危物种红色名录 2.3 版本中，欧洲陆龟被列为易危（VU）物种，即它快要成为濒危物种了，如果现在的生存状况不改变的话，这个物种将在野外面临灭绝的危险。幸而有关方面已制定新规例，使此贸易大大减少。

缘翘陆龟：分布于希腊、意大利和巴尔干。它是欧洲的陆龟中最大的一种，最大能到 5 千克，个头能有 35 厘米长。缘翘陆龟的龟壳长方形，并且围绕中心部位的龟甲有明显的增厚。雄性缘翘陆龟的后缘边甲壳阔而呈喇叭型，因此而得名。

与赫尔曼陆龟生活的海拔相比，缘翘陆龟的栖息地以山区为主，在 1600 米的高山上都能发现它们的踪迹。缘翘陆龟深色的龟壳可以在短时间太阳的照射下吸收足够热量，使它在高寒的环境下维持体温。

就已有的线索来看，我们还无法进一步判断是这三种龟中的哪一种砸中了悲剧诗人，但我们相信无论是哪种龟砸中头顶都足以让任何人血溅七尺。

幕后主谋——"碎骨者"

到现在为止，我们还没有谈到这起案件的幕后黑手——丢下陆龟砸死悲剧诗人的某鹰！到底它是过失杀人，即在猎物运输过程中失误丢下的，还是蓄意谋杀，即故意扔下来的呢？意图可是是量刑的关键，那么我们就要来认识一种猛禽以及它奇特的捕食行为。

本案的幕后主谋：某鹰——胡兀鹫（*Gypaetus barbatus*）。胡兀鹫其实不是鹰，它与鹰同属于鹰科（Accipitridae），但分属于不同亚科。胡兀鹫为秃鹫亚科（Aegypiinae），胡兀鹫属（*Gypaetus*），也是该属唯一的一个种。

与大多数的秃鹫不同，胡兀鹫并不是个秃头，它的额及头顶覆有淡灰褐色绒状羽，梳着大背头的发型。它最抢眼的特征是从眼睛到嘴侧的那两撇浓黑的"胡子"，这也是它的名字的由来。这种大鸟体长 95~125 厘米，修长的双翅完全张开后足有2.75~3.08 米长，是欧亚大陆体型最大的猛禽之一。胡兀鹫的栖息地分布在亚洲、非洲和欧洲的一些海拔 500~4000 米的山脉，在地中海附近也有分布。

同其他的秃鹫一样，胡兀鹫是食腐动物，在它的食谱中，90%是骨髓。大块头的胡兀鹫拥有强大的战斗力，可以吞下如小羊羔的股骨般大小的骨头，同时它的消化系统也可以快速地将大块的骨头分解掉。有些太大不能直接吞掉的，聪明的胡兀鹫会将骨头从空中扔向岩石砸碎，暴露出里面可食的骨髓。胡兀鹫也因为这个奇特的习性，得到"碎骨者"（bone breaker）的江湖别号。

虽然吃惯了骨髓，胡兀鹫们偶尔也换换口味，如法炮制地摔开个龟吃吃，前面提到的欧洲那三种陆龟中一些不幸的家伙就这样"被飞翔"了。胡兀鹫要掌握空中摔骨的独门绝技，需要几年时间的勤学苦练，尤其对于雏鸟而言，但骨头不是每天都有，于是一些可怜的陆龟，就被胡兀鹫从空中扔下。

真相只有一个

其实欧洲还有两种猛禽也有摔龟吃的前科：金雕（*Aquila chrysaetos*）和白兀鹫（*Neophron percnopterus*）。但考虑到它们并非乱扔东西的惯犯，加上它们的体型都小于胡兀鹫，搬动庞大的陆龟有点吃力，因此嫌疑人仍然被锁定为胡兀鹫。

如果三种陆龟和胡兀鹫的分布范围从古希腊时期到现在没有大的变化，可以推断，最有可能在西西里岛被胡兀鹫抓起，继而落在"悲剧之父"头顶的就是山区的缘翘陆龟，也就是本文介绍的所有陆龟中最大最重的那种……我们终于找出了凶手，愿悲剧之父安息吧。

天下乌鸦
一般黑吗？
紫鹬

　　你在马路边，捡到羽毛一片，把它交到警察叔叔手里边。叔叔说：嗯，这是刚才掺合两只猫打架的乌鸦掉下的……咦，乌鸦毛不是黑色的吗，为什么手上的这根是灰白色的呢？如果你一头雾水了，请往下读吧。

　　"天下乌鸦一般黑"，这句话你一定不陌生。仔细回想，似乎每当电影中要播放恐怖情节的时候，总有个镜头是一群黑乎乎的乌鸦呼啦啦飞过，伴随着"啊！啊！"这样单调低沉的叫声。再想想，上下班或者上下学的途中，偶然听见"啊！啊！"的叫声，抬头观望，往往看到的也是张着大翅膀的黑色大鸟儿从空中掠过。于是这样的印象，让我们反复证实了"天下乌鸦一般黑"的表面含义。

白颈鸦（ *Corvus torquatus* ）。

冠小嘴乌鸦（ *Corvus cornix* ）。

家鸦（*Corvus splendens*）。

乌鸦真的都是全黑的吗？

其实，鸦属（*Corvus*）的很多种常见鸟类都在它们身上混搭了浅色系的羽毛，它们是各种纯黑色的乌鸦的近亲。

比如，在印度各处常见的家鸦（*Corvus splendens*）就是长得和那两位"小贱鸟"相仿的家伙，我国的云南和西藏也能看到它们的踪影。

除了部分毛色变浅，还有些乌鸦干脆就长着如假包换的白色羽毛。

比如有一种乌鸦，它的名字就叫做"白色的"（*Corvus albus*，*albus* 是拉丁文里"白色"的阳性形容词）。其实它全身多数部分还是黑的，只是颈部、肩部到腹部之间一片纯白。这种乌鸦常见于非洲，因此它的中文名称是非洲白颈鸦。

不过不用去非洲，中国也有白颈鸦（*Corvus torquatus*），它广泛分布在华中、华南等地。与非洲白颈鸦不同的是，中国的白颈鸦大块白色都在颈侧，胸前只有一圈白，像黑色礼服上的银项链。不过这种俊俏的乌鸦似乎不喜欢城市的喧嚣，只有在郊野才能见到。

即使你住在北京或更北边的地方，也还是可以看到不黑的乌鸦：达乌里寒鸦（*Corvus dauuricus*），它在中国北方和蒙古繁殖，在中国南方越冬。这种寒鸦可以分布到海拔 2000 米以上，我曾有幸在川西的藏区目睹。

达乌里寒鸦，这是中国最白的乌鸦了吧，嗯，请不要怀疑全身将近一半是白色的鸟儿是只乌鸦。

其实，乌鸦一旦变成了黑白相间的颜色，就和它另一个远亲——喜鹊有点相似了。或者你可以反过来想，把一只喜鹊全身染黑，再把尾巴弄短一点，你说它会不会很像只乌鸦？乌鸦和喜鹊本是相近的鸟类，无奈一个被视为凶兆，一个却被视为吉兆，同为鸦科鸟，差距咋就这么大呢？不知道身上有白色羽毛的乌鸦，会不会在人们心中挽回一点印象分呢？

　　天下乌鸦虽然不一般黑，但大多数鸦科鸟类却有一个共同特征——都不是省油的灯！鸦科可以说是鸟类中最聪明的一类，它们会在人类的野餐桌上抢夺食物，会成群结队地赶走侵入它们领空的猛禽，一些城里生活的乌鸦甚至会按照红绿灯来选择到马路中间取食的时机……此外，若是你惹恼了它们，它们还会记仇，在你毫无防备的时候冲下来啄上一口，这可不是闹着玩儿的。聪明的鸟儿你惹不起呀！

也曾梦想，
拍一张彩色照片
花落成蚀

有一首歌是这么唱的：

熊猫的愿望，拍一张彩色照片，治好黑眼圈，买房；

斑马的愿望，拍一张彩色照片，走出提篮桥，买房；

企鹅的愿望，拍一张彩色照片，飞越南冰洋，买房……

请大家自动忽略关键词"买房"……我们的话题是颜色。只能拍黑白照片的另类们除了以上三种，还有很多。而且这三句歌词里还有个让人疑惑的词：南冰洋。这到底是南极洲，还是北冰洋？也许歌词作者只是为了押韵，但这似乎也在不经意中暗示着南北极之间有某种共通性。抛开虎鲸不谈，南极的代表动物们大多都有黑白两色，而北极的似乎只有白色……为什么北极就没有企鹅呢？我们就从这里说起……

"北极企鹅"大海雀：消失于彩色照片问世之前

　　阿德利企鹅可不是北极的居民，它们是正宗的南极企鹅。它们中的一些小个子成年后身高只有 70 厘米，体重 4 千克。和其他南极企鹅比起来，这种企鹅虽然不算大，分布却很广泛，在它们的繁殖季节里南极大陆沿海地区几乎所有的岛屿、海岸都能够找到大群大群的这些黑白相间的动物。可能正是分布广，加上颜色纯，阿德利企鹅被当作是最"经典"的企鹅，出镜率颇高，包括果壳网谣言粉碎机提到过的 BBC 愚人节玩笑里飞行的企鹅也是它。

　　阿德利企鹅的"经典"还因为它的古老。系统发育学和生物地理学的研究显示，阿德利企鹅属自 3800 万年前与其他企鹅科的其他物种分道扬镳，在 1900 万年前的时候阿德利企鹅就正式出现了。它也算得上是一种活化石吧。

　　阴差阳错，企鹅的英文名——penguin，却本该属于一种北半球的鸟：大海雀（*Pinguinus impennis*）。它属于鸻形目，与企鹅亲缘关系甚远，但是看起来非常像。大航海时代欧洲人首次见到南半球的企鹅时才误将 penguin 安在了它们头上。

　　大海雀曾经广泛分布在北大西洋海域：从法国以西到挪威以北，从格陵兰、冰岛到拉布拉多，所以也曾被称作"北极大企鹅"。它们在巨岩构成的孤岛上繁殖，在鱼群丰富的海洋里觅食。它们和企鹅一样，虽不会飞，走起路来也显笨拙，但是在水中却身手敏捷。

　　阿德利企鹅（*Pygoscelis adeliae*），企鹅目（Sphenisciformes），企鹅科（Spheniscidae），阿德利企鹅属（*Pygoscelis*）。注意到它们囧囧有神的眼睛了吧。

不幸的是，这种被北大西洋沿岸的原住民利用了千万年的动物，在 16 世纪突然具有了许多商业价值：当时的欧洲人十分喜爱它的羽绒，这是大海雀濒危的直接原因之一。虽然后来各国也有一些保护措施，但富有的收藏家们对这种濒危动物的标本和蛋的需求仍居高不下。因此，大海雀在人类的大量捕杀下，于1844 年灭绝。

大海雀灭绝后，企鹅独占了 penguin 这个名字。今天，人们熟悉这些南极的黑白色的大鸟，嘲笑它们没拍过彩照。而最后一只大海雀死去时，人们还没有发明彩色摄影技术，大海雀连遗憾不能拍彩色照片的机会都没有。

马来貘：去动物园必拍的黑白留念

让我们回到不那么沉重的话题上来。如果要去动物园找一种大型黑白动物留影，又不想跟着人群挤着拍熊猫和斑马，马来貘就是你的最佳选择了：它黑色的身体在下半身包上了白色的尿不湿，只要不张开嘴露出粉红的舌头，马来貘怎么拍照都是黑白的（马来貘的幼仔的色彩就稍微没那么单调，至少有花斑和条纹）。

貘们与猪看起来确实比较像，都有圆滚滚的身体，半长的鼻子。但是只要看蹄子，就很容易区分了：貘前肢有四趾，后肢有三趾，而猪的前后肢都是四趾。分类上，这两种动物差得比较远，分属奇蹄目和偶蹄目，貘与马、犀牛是本家。

既然是奇蹄目的动物，那么为什么貘的前肢有四趾呢？其实

马来貘（ *Tapirus Indicus* ），奇蹄目（ *Perissodactyla* ），貘科（ *Tapiridae* ），貘属（ *Tapirus* ）。

无论是奇蹄动物还是偶蹄动物，它们的祖先前后肢和我们人类一样，都是五趾的。只是在长期的演化中这些趾退化消失了，以马为例，在它们的进化史上，越是近期出现的种类趾越少。貘前肢的四趾正是一种原始性状。

马来貘是现存的四种貘中最大的一种，其他三种貘（拜尔德貘、山貘和巴西貘）都生存在美洲。有研究者利用线粒体细胞色素 C 氧化酶 (COII) 的基因序列重建了貘类的系统发育树，发现亚洲和美洲的貘在距今两千到三千万年前就已经分了家。然而现存的貘之间外型都比较类似，尤其是幼崽，都有点缀白色条纹的褐色毛皮；虽然头骨有一定的差异，但它们的牙齿也极其相似，特征多有重叠。所以，相当多的研究者认为这四种貘可以归在同一个属内。

貘的习性有点类似于河马，是半水生的，只是对水的依赖没有那么强烈。它们的牙齿适应于吃柔软的植物，无法适应粗硬的草，再加上这种动物行为很原始，貘无法与新兴的偶蹄目动物竞争，自更新世以来这类动物一直在衰败。

本已衰败的马来貘种群，日益受到人类的影响，数量一再减少。目前，这种憨态可掬的动物已在世界自然保护联盟红色名录上被列为濒危（EN）物种。

皇狨猴：德皇的黑白半身像

把这种产自亚马孙盆地西南部的皇狨猴算到一辈子只能拍黑

　　皇狨猴（*Saguinus imperator*），灵长目（Primates），狨科（Callitrichidae），柽柳
猴属（*Saguinus*）。皇狨猴都是体态轻盈的小个子，不算尾巴只能长到 25 厘米左右，
加上尾巴全长能够到 70 厘米。

白照片的动物里面其实挺牵强，因为它们胸前有黄色的斑点，还有条红褐色的尾巴。但是，这样帅气的胡子实在是太吸引人了，所以几乎所有的皇狨猴照片都是半身像，除了黑白就没有其他颜色了。而正是这黑白半身像，让这种小猴子成就了大名。

"皇绒猴"的英文是 Emperor tamarin，这个名字其实来自于一个笑话：说这种猴子的胡须和德皇威廉二世的还有几分相似。之后"皇"这个字就定了下来，成为了它们正式的名字。

皇狨猴所在的狨科，全部产于美洲。美洲的猴子都被称作新世界猴，正式一点的名字唤作阔鼻猴（*Platyrrhini*）。相对于所有亚非欧产的旧世界猴或者称狭鼻猴（*Catarrhini*），阔鼻猴最大的不同在于它们的两个鼻孔间距很大，且开孔方向是向着侧面。

与大多数灵长类一夫多妻制的家族构成不同，皇狨猴的家族领导为雌性，典型的一妻多夫制家庭。这个大家庭的成员一般不会超过 8 只，并由年纪最大的雌性带领，依靠灵活的身体在树上寻找昆虫、鸟蛋或是果子吃。而且在小狨猴宝宝出生后，家族内所有的雄性都会担起带孩子的责任。相信每个雄性皇狨猴都会是位好奶爸。

雨林里的生活看起来挺浪漫，但也危机四伏。皇狨猴虽然和实行帝国主义的德皇威廉二世长相相似，骨子里却是不折不扣的和平主义者。它们经常会与生活在一起的其他狨类例如棕须柽柳猴（*Saguinus fuscicollis*）一同警戒，防范食肉动物的攻击。

亚马孙牛奶蛙：褪色的黑白照片

咦？这只蛙不是褐色的么，怎么能说它只能拍黑白照片呢？

黑白照片存放时间久了，就会变成称作 sepia 的深褐色，这种颜色看起来最怀旧了。在亚马孙牛奶蛙身上也会发生类似的事情。这种树蛙身上有类似奶牛的花纹，在它们还是幼蛙的时候，身上的深色花纹是纯黑的，浅色花纹是纯白带一点亮蓝色。随着它们慢慢长大，身上的黑色花纹会慢慢变浅成深褐色，白色花纹会褪去蓝色，变成浅灰。这简直就和黑白照片老化的过程一模一样!

这种树蛙被称作牛奶蛙，可不是因为它身上有奶牛的花斑，而是因为它能挤出"牛奶"。好吧，这"牛奶"其实是像牛奶一样的毒液，是亚马孙牛奶蛙受到威胁时，身上的小疙瘩分泌出来的，用来赶走捕食者。

虽然亚马孙牛奶蛙会分泌毒液，但是这种南美产的动物依旧被很多人当成是很好的宠物。亚马孙牛奶蛙在自然环境中就把巢安在大树的树洞中，所以很容易适应人工巢穴。

银环蛇：黑质而白章的低调杀手

亚马孙牛奶蛙说它有毒，银环蛇笑了。

亚马孙牛奶蛙（*Trachycephalus resinifictrix*）属于两栖纲（Amphibia），无尾目（Anura），树蟾科（Hylidae），糙头蛙属（*Trachycephalus*）。它能长到 10 厘米，是一种大型树蛙。身上漂亮的斑纹加上嵌有金环的黑色大眼睛，实在是很可爱。

银环蛇产于我国南方，以及缅甸、越南。和它的眼镜蛇亲戚一样，银环蛇的毒液里富含神经毒素。研究者从银环蛇的蛇毒中分离出了两种有效成分，分别是 α - 银环蛇毒素与 β - 银环蛇毒素。中了这种毒之后人倒不会感觉很疼，反而会有嗜睡感，果然杀人于无形。接着毒素会攻击神经突触，使肌肉麻痹导致中毒者无法呼吸而死。台湾的研究者认为，银环蛇的毒液在所有的陆生蛇中排行老二。不过，值得庆幸的是银环蛇的毒性虽太大，但性格却很温和，很少主动攻击人。所以，在野外看到这家伙的话，赶紧闪开是王道。

银环蛇的样子就如它的名字，黑色的身躯上有一道道的银色环纹，大的银环蛇可以长到一米多。它们食性广泛，多以鱼、蛙、鼠为食，其他种类的蛇也在银环蛇的食谱中占有一席之地，常有人在野外发现银环蛇吞食其他的蛇类。

chapter 5

环境

同一个地球上的生命要相爱

　　四川射洪县花果山动物园的一只黑熊在 2011 年 9 月 2 日清晨 6 时左右失踪，县政府在当天就发布公告，提醒周边居民注意安全并展开了搜捕。"熊出没，注意！"这句标语最初是张贴在日本北海道有熊踪迹地段的警示，告知大家要警惕野生的熊。万一情形不妙，变成了"熊出！没注意……"呢？很多人都听说过，此时最好的求生方法就是躺下装死，因为熊不吃死了的动物。这种说法到底有多少可信度呢？我们恐怕得先搞清楚，熊到底吃不吃死物。

　　熊是食肉目熊科动物的统称，目前全球有 8 种熊：有大家耳熟能详的棕熊、黑熊（美洲、亚洲）、北极熊和大熊猫；还有不那么著名的眼镜熊、懒熊和马来熊。除了马来熊的体型算不上巨大，其他的熊可都是庞然大物，遇到它们不能掉以轻心。

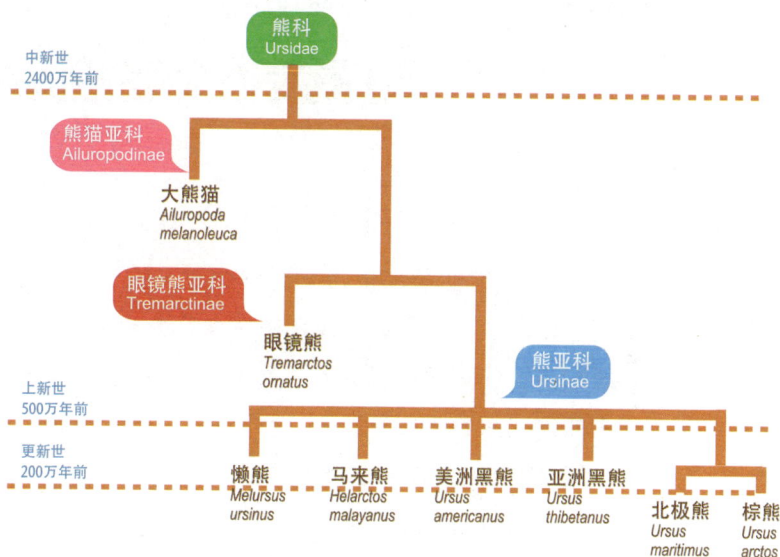

熊科动物的进化和分类图，来源：giantpandaonline.org

　　虽然熊是杂食性动物，青草、嫩枝、苔藓、块根、块茎、果实、昆虫、鸟类、鱼、鼠类、蛙、鸟卵、蜂蜜甚至鹿、羊、牛等，都在熊家的菜单上有一席之地，但毕竟身为食肉目的一员，多数熊还是更爱吃肉的（默默无视有素食主义倾向的眼镜熊）。大熊猫虽然平日里主要靠啃竹子度日，但遇到竹鼠绝不会放过，偶尔还会偷村民晾晒的肉干吃。

至于动物的尸体，各种熊都是不拒绝的，北极熊表示我们这里的肉长期保鲜，马来熊经常享用老虎的残羹，科研人员曾拍摄到大熊猫对着死去的小鹿大快朵颐，近年来许多棕熊和黑熊的栖息地被破坏，食物匮乏的它们就盯上了居民区的垃圾桶，总而言之，新鲜的肉当然更好吃，但熊并不会浪费死掉的大餐。

熊出！没注意……怎么办？

即使遇到一头酒足饭饱暂时不太想吃死肉的熊，但生性贪玩的它如果伸出力大无穷的厚掌把装死的你翻过来拍过去地查看，或者用生满了倒刺的舌头舔你，或者在你身上坐一坐……这都不是什么有趣的事，你不死也得搭上半条命。而如果熊刚好有点饿，不管猎物死活它都会直接开餐的。所以万一"熊出！没注意……"的话，装死并非明智之举，还是了解它的习性，早点知道应对方法才行。

遇到熊时最首要的是保持镇静，不要和熊对视，不要做出突然的举动，大多数时候熊并没有侵略性，它们往往只是站立起来观察你是否对它造成威胁，这时瞪视、奔跑和尖叫都可能引起它的不安而发动攻击。熊善于爬树和游泳，而且奔跑的速度也比人类要快许多，所以不要妄图从任何途径快速逃脱。应该冷静地花几秒钟时间评估一下周围的环境，确定出逃生的路线，再缓慢地、顺着风、倒退着离开。中国俗语管熊叫"熊瞎子"，这是因为它们的视力不发达，但它们有非常灵敏的嗅觉和听觉，所以顺风慢慢离开可以避免它根据气味进行追踪，保持安静可以让熊觉得你对它无害。

偶有"装死逃过熊掌"的报道，往往是因为当时熊并不饿，而当事人蜷缩躺下，用手护住头颈装死的举动，减轻了熊"受到威胁"的感觉，避免了它受惊而自卫。但如果熊已经发动了攻击，则要立即还手，顽强抵抗，击打熊的鼻子，让熊知道猎物不易得手，知难而退（基本上很难实现）。

小熊憨态可掬逗人喜爱，但在野外看到小熊千万不要上前嬉弄，熊妈妈一定就在不远处，母熊为了保护幼崽会做出任何事情。

你可知残暴，不是我本性

虽然大多数熊称不上性格温顺，但也并不会主动袭击人。在日本山间活动的人往往佩戴驱熊铃铛，熊在远处就能听到声音而不敢靠近，北美的探险队员也是采取边行进边弄出声响的办法吓跑周围的熊。

为什么会发生熊袭击人的事件呢？主要的原因还是在于人。第一，由于人类不断地深入野生动物的栖息地，熊可能为了捍卫幼崽、保护食物、自我防卫等原因而对入侵的人类发起攻击。其次，人类的活动破坏了生态平衡，导致熊的食物减少，不得不到城镇和村庄觅食，与人狭路相逢时可能就会发生袭击事件。最后，熊是一种非常聪慧的动物，马戏团常有训练得宜的熊熊演员就是明证，聪明的熊可能会记住人类猎杀它们同类的行为，并作出复仇的举动，就像电影《熊的故事》(*L'ours*, 1988) 里那样。

在俄罗斯堪察加地区，因为人类过度捕鱼，导致熊的主要食物三文鱼的数量大幅下降，迫使熊逐步走近城市范围，翻倒垃圾桶找食物，袭击人类的个案随之增多。在日本，近年来随着自然林面积缩减，加之气候变暖，山毛榉、栎树等结实减少，熊由于食物不足而走出山林。阿拉斯加原本是人迹罕至的净土，当地的熊在各条溪流中觅食，随着人类的迁入，人和熊的生存范围相互重叠，袭击事件也就不可避免地发生了。气候变暖也让北极圈每年海冰形成得更晚，融化得更早，饥饿的北极熊将被迫在岸上花费更多时间，遇到人类，发生潜在的悲剧结局的可能性也增大了。而人们为了熊掌、熊胆和熊皮大衣不断猎杀熊，这无疑也加剧了熊在面对人类时的暴戾情绪。

野生的熊对陌生的人类还是怀有畏惧的，它们只求在自己的世界里安静的生活，相信如果人类更尊重自然、爱护自然，许多悲剧也就不会发生了。

小白熊克努特死了，柏林当地时间 2011 年 3 月 19 日下午，正在游逛的克努特猝死，数百名游客目睹。但这条新闻很快被淹没在另外一些更让人操心的新闻的大潮中，并没有引起什么波澜。这与克努特的出生正好形成了鲜明对比。

让我们回顾一下这头历史上最著名的北极熊短暂而跌宕的 1565 天的一生，它为什么会俘虏那么多人的心，然后又慢慢被人遗忘。

2006 年 12 月 5 日，小白熊克努特悄无声息地来到世上，它和它的双胞胎兄弟都被母亲遗弃，只有不到 30 厘米长，还睁不开眼睛的小哥俩在冰冷的岩石上被冻了 5 个小时。后来被柏林动物园的工作人员救下，并开始人工喂养。4 天后，它的兄弟夭折，而克努特顽强地存活了下来，成为德国 30 年来第一只人工喂养成功的北极熊。

2007 年新年到来，德国的数家媒体开始报道克努特，毛绒玩具般的小家伙迅速捕获了人们的心。有家电视台在周六上午推出了克努特的纪录片，居然获得了 15% 的收视率。连那些平日里板着个脸的政要们也成了克努特的俘虏，据说柏林市长每天都看克努特的成长纪录片；克努特 15 周大，第一次与众人见面的时候，德国的环境部长也来凑热闹，他成了小克努特的监护人。首次见面那天，几千人来到柏林动物园，等待一睹小白熊的队伍排出去 300 米长。披头士保罗·麦克特尼不顾年迈，还为克努特创作了一首歌曲《好熊克努特》。克努特的玩具和纪念品也成了抢手货。

幸福时光总是太匆匆，转眼就是克努特周岁生日了。2007 年 12 月 5 日这天，克努特过了一个冷冷清清的周岁生日，连部长"干爹"都没来捧场。而那些克努特纪念品也成了滞销货，小贩们很头痛。为什么明星克努特失宠了？人们要的是毛绒玩具般的克努特，不是膀大腰圆满眼凶光的猛兽。一周岁的克努特已经是个体重 116 千克的大小伙子了。

娃娃脸 ＝ 萌：护幼本能的审美

其实小白熊克努特被它的粉丝们抛弃并不说明人们薄情寡义，这是人类的本能在作怪。早在 1949 年，奥地利伟大的动物学家康拉德·洛仑兹（Konrad Lorenz）就提出了一个假说，他认为幼小动物的种种体貌特征会引发成年动物的护幼行为。而这些所谓的"幼稚特征"就包括大脑袋、大眼睛、短鼻子等。

这也是动物的"可爱特征"。不妨看看卡通片，最经典的莫过于米老鼠的"演化史"。古生物学家斯蒂芬古尔德（Stephen J. Gould）曾经在他著名的科普文集《熊猫的拇指》提到过这一节，从诞生那天起，米老鼠的形象就一步一步向着更"幼稚"的方向演化：头越来越大，眼睛越来越大，鼻子也越来越短。同是迪士尼的卡通形象，那些蠢笨邪恶的角色则"成年化"很多，比如傻乎乎的普鲁托和古菲，或者与米奇争夺明妮的坏老鼠莫迪默，无一例外都长着一张大长脸。

在动物学家和行为学家那里，洛仑兹的假说也得到越来越多的证实。科学家们发现这种偏爱"幼稚特征"的现象是跨民族跨文化的，甚至跨越了物种，因为在很多其他哺乳动物和鸟类那里，也存在这一现象。这一偏好同样影响到了成年人，特别是成年男人的择偶，这可以解释为什么那些大眼睛的"卡哇伊"女孩特别受欢迎。

而有些动物就占了这个偏好的光，比如大熊猫和考拉，即便成年了，这些动物仍然长着一副"娃娃脸"。这就可以解释为什么是它们，而不是别的动物特别受人欢迎了。

受影响更大的动物是我们的宠物们，特别是狗。与它们的先祖狼相比，狗普遍呈现出了"稚态延长"的现象。浅色的毛、大脑袋、圆滚滚的身子、耷拉的耳朵、摇来摆去的尾巴，甚至是汪汪叫，都无一不是小狼的特征——成年狼只会嚎叫不会吠叫。这不过是一万多年来人们偏爱"稚态"这一选择压力施加给一代又一代狗的结果。

严重稚气未脱的动物：人

而人类本身也是"稚态延长"的动物。与我们的亲戚黑猩猩相比（人类与黑猩猩的差异远小于狮子和老虎的差异），人类的大脑发育一直延续到 20 岁之后，而黑猩猩的大脑在出生后一年就不再发育了，人类牙齿的出现与其他灵长类动物相比也是最晚的。并且，这种稚态延长的趋势并没有随着人类社会的发展而缩短，反而是更严重了。现代人需要花费寿命的三分之一来学习必要的社会生存技能，这真是一种极大的浪费啊。

英国纽卡斯尔大学的进化心理学家布鲁斯·查尔顿（Bruce Charlton）认为，现代人正在经历一场成长发育上的危机。原因在于，环境的频繁更换需要保持孩子似的不安定状态以及终生的学习意愿。漫长的受教育历程也使成年式的生活和思维习惯的形成培养变得艰难。查尔顿认为，这种新型的成熟危机反而是在那些最为睿智的头脑中反映得最为明显。教师、科学家和许多其他学术人士行事常常具有跳跃性，他们的关注点变幻不定，而且遇事容易有过激反应。

其实克努特的"爸爸"托马斯·德尔夫莱恩（Thomas Dörflein）就是这样一个典型的遭遇成长发育危机的人类。克努特的生父是今年 20 岁的北极熊拉尔斯（Lars），但是雄性北极熊是没有照顾幼崽的本能和义务的。相比之下，托马斯才是那个把克努特拉扯大的父亲。在"成熟"的人类看来，托马斯逐渐变成了一头北极熊，而克努特也许变成了一个人。

可叹的是，2008 年 12 月 22 日，"北极熊"托马斯死于心脏病。这位父亲般的饲养员在不惑之年就与克努特永别。但愿在天堂里，他们能继续做一对情深的父子。

別把海象
和海豹不当
北极特色

紫鹬

北极之行，是一段与野生鳍脚类密集相遇的旅程。

鳍脚类（Pinnipeds）真是一个让人纠结的类群。

首先，说它是目吧，它属于食肉目（Carnivora）；说它是科吧，它的成员海豹、海狮、海象都有各自的科；甚至它连亚目、下目、超科都不是，它的上面还有犬型亚目（Caniformia），所以鳍脚类这一支就只能被叫做"鳍脚类"……

其次，说它是海洋动物吧，它们生命中有不少时间都趴在岸上；说它是陆地动物吧，它们离开了海水或湖水又不能活……不过有一点可以肯定，和备受关注的北极熊一样，鳍脚类也是不折不扣的食肉动物。

事实上，鳍脚类的祖先与熊的祖先亲缘很近，如果这位祖先碰巧没有把爪子变成鳍，当今也应该被人们称作"猛兽"吧。可是如今，北极熊成了北极圈内陆地和海冰冰面上的顶级捕食者，而鳍脚类还在继续不尴不尬地被北极熊吃着……

不过，大家不要因为它们不尴不尬，就不爱它们。

"装象"较量

海象（*Odobenus rosmarus*）是在北极看到的鳍脚类动物中的亮点。它是体型第二大的鳍脚类，成年雄性重达 1.7 吨（1 吨 = 1000 千克），仅次于象海豹（*Mirounga spp.*）。这个重量级，连北极熊都不敢轻易惹它。只有偶尔一些年幼无力的海象会在北极熊的追逐中被其他同群的海象踩踏而伤残，它们才会不幸成为熊的食物……

海象生活在北极地区，而象海豹生活在南极附近 [南象海豹

（*M. leonina*）] 或北美西岸 [北象海豹（*M. angustirostris*）]。海象和象海豹比较容易混淆，因此我们可以尝试通过这样的假想来区分它们：曾经，有两种努力假装自己是大象的大型海豹，其中一种虽然个子够大，但只有猪一般长的鼻子却没有牙齿，所以它只能被叫做象海豹；而另一种虽然没有长鼻子，但长出了逼真的象牙，所以它被称作了海象。

北极"象牙"

海象的"象牙"是可以长达 1 米的犬齿，雌雄都有，它是武器和工具，也是雄性海象在种群中地位的象征。拥有最长犬齿的雄性海象通常是整群海象的霸主，如果有牙齿长度相近的雄性海象不服，就会有一场搏斗。中国古代记载的来自北方的"象牙"，应该是来自海象，毕竟最后的猛犸象大约 1 万年前就已经消失了，所以这些"象牙"来自真正的象的可能性很小。

海象并不用它的犬牙来杀死猎物，它们吃海底的小生物，包括虾蟹、贝壳等。吃贝壳的时候，它们用大嘴把贝壳包起来，然后用舌头作为活塞制造吸力，吸出贝肉。2011 年 8 月在北极旅行时，船上的动物学家 Dmitri 半开玩笑地表示，千万别让海象亲吻你，它可以把你的脑花都一下子吸出来。

有人看过海象用大牙把身体挂在冰面上，这倒是大牙不错的用途。

从巴伦支海到法兰士约瑟夫群岛再到北极点的路途上，有两种海豹较为常见：灰色、身上有深色环形斑纹的环斑海豹（*Pusa hispida*）以及褐色、有大胡子的髯海豹（*Erignathus barbatus*）。这两位是北极熊食谱上的主要菜品，它们偶尔会向南游荡到我国的海域。

而银灰色、黑眼睛的琴海豹（*Pagophilus groenlandicus*），则是北大西洋和北冰洋特有的。

琴海豹的学名 *Pagophilus groenlandicus* 的意思是"格陵兰的冰雪爱好者"。它们生活在北大西洋的最北端，从法兰士约瑟夫群岛到格陵兰，再到北美东部圣劳伦斯湾的冰面上都有其踪迹。

琴海豹宝宝出生后第 3 天到第 15 天皮毛是纯白色的。小琴海豹的白色皮毛是价值很高的皮草，同时它也几乎成了动物权益的象征。每年在加拿大圣劳伦斯湾的（Gulf of St. Laurens）冰面上，被人们棒打至死的小海豹大多为琴海豹。琴海豹纯黑色的大眼睛看起来常噙满泪水，这其实是为了保护角膜不受到海水盐分的伤害。同时由于海豹在水下不能使用嗅觉，所以它们必须要有良好的视力。可是，我更愿意相信海豹们是真的在哭泣。

北极有很多鳍脚类动物，虽然这些海象、海豹、海狮们没有北极熊那么天生丽质且善于卖萌，但是它们也是很值得关注的一类独特动物。

大鱼年年
有，也曾
特别多

瘦驼

在人类捕捞等选择压力很小的情况下，许多鱼类可以长到很大的个头。不过，新闻里人们对"稀奇"的追求，会使那些大鱼们真正稀奇起来。

2011 年 5 月 23 日，新华网报道，浙江绍兴某酒店出现一条长约 2.2 米、重约 265 千克的巨型石斑鱼 [鲈形目（Perciformes）鮨科（Serranidae）石斑鱼属（*Epinephelus*）]。据厨师介绍，如此大的石斑鱼能供 800 人食用。据悉，巨型石斑鱼是从福建福州渔民处购得。

如果以"石斑鱼"为关键词去搜索新闻，你会发现，巨型石斑鱼并不是特别稀奇，随手摘两个比较近的例子：

2011 年 5 月 5 日（浙江在线）：巨型石斑鱼现身浙江嵊州市中心广场，引来不少市民的围观。鱼体长达 2.2 米左右，重达 631 斤。

2009 年 1 月 15 日（《南方都市报》）：珠海夏湾中学附近一火锅店门口摆放了一条巨大的石斑鱼，吸引过往市民驻足观看。据该店老板介绍，石斑鱼是其从南澳渔民手中花 6 万元购得的，重达 618 斤，长 2.05 米。

事实是，在人类捕捞等选择压力很小的情况下，许多鱼类可以长到很大的个头。不过，新闻里人们对"稀奇"的追求，会使那些大鱼们真正稀奇起来。

鲤鱼能长多大？

其实，就连经常被摆上寻常百姓家的餐桌的鲤科鱼类，也是大块头辈出的。青、草、鲢、鳙四大家鱼和鲤鱼都是鲤科的成员，上面这几位都有体长超过 1 米、体重超过 50 千克的记录。它们的一个东南亚亲戚，叫做巨暹罗鲤（*Catlocarpio siamensis*）的则能长到 3 米长，体重超过 300 千克。这种大家伙目前已经十分稀有，但是每年还是有几个幸运的渔民能中大奖，2007 年 7 月 17 日，英国《每日邮报》就报道过一个泰国渔民钓上来一条重 116 千克的鲤鱼。

寿命越长，鱼体越大

　　人们对生长的认识，多来自于我们哺乳动物。哺乳动物的生长是阶段性的，在性成熟之前保持高速的增长，到性成熟时体长、体重达到高峰，此后不再生长。而鱼类则不同，很多种类在性成熟之后仍然以稳定的速度生长，如果饵料充足，直至死亡，生长仍在继续。因此，鱼类学家可以根据鱼类的体长体重来分辨它们的年龄，对同一种鱼，越大，一般意味着越老。以青鱼为例，在我国长江水域，1 米左右的青鱼大概有 6 岁。另外一种判别鱼类年龄的方法更为准确一些，这就是年轮法，鱼类的鳞片、脊椎骨、鳍条和耳石上都有明显的年轮。

　　给鱼数数年轮，往往让人大跌眼镜。1997 年，美国阿拉斯加州鱼类与野生动物部（Department of Fish and Game）对在该州捕获的黄眼石斑鱼（*Sebastes ruberrimus*）进行了年龄调查，发现到达美国人餐桌上的黄眼石斑鱼中，有 16% 超过 50 岁，甚至许多百岁老鱼也成了盘中餐。想想我们嘴里嚼的，竟然是些遭遇过纳粹潜艇，甚至追随过泰坦尼克号的老资格，这未免让人有点儿负罪感。

传统的衰老生物学认为，动物性成熟越晚，它的寿命就越长，因为作为生物个体，其使命在完成传宗接代之后，就可以完成了。这个说法也获得了实验证实，加州大学洛杉矶分校的罗丝（Michael Rose）选择那些性成熟更晚的果蝇互相杂交，最终获得了比正常果蝇寿命长两倍的晚熟个体。同样的，这个理论也有鱼类支持者，作为现存最大的鱼类，鲸鲨（*Rhincodon typus*）从出生到性成熟需要 30 年，这种身长超过 14 米、体重 15 吨的大家伙，一枚卵就有 36 厘米的直径。而鲸鲨的寿命，目前尚不为人知，保守估计能达到 100~150 岁。

2007 年，福建渔民就捕获过一头体长 8.5 米、体重 8.5 吨的雌性鲸鲨。2005 年鲸鲨被列入《濒危野生动植物种国际贸易公约》附录 II，我国是该公约的缔约国，根据我国有关法律法规，受该公约附录 II 保护的物种也就是国家二级保护物种。然而这条鲸鲨仍然被卖了 85000 元，并且上了当地的晚报，过去几年中，也不时有鲸鲨在街上被公开屠宰的消息。

在人类出现前，可能许多鱼类从未遇到过如此强大的捕食者。也许我们可以设想一个海洋和湖泊中生活着巨大的鱼类的史前世界。在人类活动的压力下，不能寿终正寝的鱼越来越多，我们却因此对越来越罕见的巨大的鱼越来越惊叹。看来，说不定将来人们会以为一些鱼类的体型天然很小，全然不知它们曾经的庞大，这还真是有点讽刺。

蜱虫没你想象的那么可怕

瘦驼

2011 年 6 月，北京回龙观龙泽苑西区居民发现在自己的小区内，被一种虫子叮咬后瘙痒难忍。随即昌平区疾控中心确认，龙泽苑西区出现了蜱虫。物业部门立刻针对绿化带喷洒农药，进行灭杀，疾控中心还提醒居民，请人和宠物远离草丛。

这不禁让人回想起 2010 年夏天和 2011 年 5 月分别发生在河南和山东的蜱虫叮咬致人于死的新闻。屡屡发生的蜱虫致人于死的事件使人们几乎是谈蜱色变，好像这种虫子是一夜之间出现的新魔鬼。这在一定程度上体现了媒体的不对称性，因为对于广大农民来说，蜱根本不是什么陌生的东西。即便对于高度关注此事的城市居民来说，蜱也并非离我们很远。值得一提的是，根据报道，最近几年，包括美国和欧洲在内，蜱的分布区域都有扩大的迹象。科学家们猜测这与全球气候变暖和人类活动的增加有关。

　　对于经常出野外钻树林的人来说，与各种"毒虫"亲密接触是日常生活的一部分：被蚊子叮成癞蛤蟆；山蚂蟥咬过的创口流出的血染红了 T 恤；早上起床从登山靴里倒出一只蝎子或者蜈蚣来。2007 年 8 月的一天，鲁北某地，白天我花了几个小时在树丛里拍摄昆虫，晚上洗澡的时候，摸到头皮上似乎长了个什么不疼不痒的疙瘩。同伴过来仔细一看，惊叫了一声，说是我头上长了个黄豆大小的血泡。我告诉同伴仔细瞧瞧这个血泡是不是长着八条腿，同伴果然发现了八条短短的小细腿。

　　我被蜱叮了。

　　蜱的八条腿告诉我们其实它不是昆虫。蜱其实是蜘蛛的亲戚，它属于蛛型纲蜱螨亚纲的动物。蜱的卵一般产在土里。刚孵化出来的蜱居然是六条腿的，要知道蜱所在的蛛形目可都是八条腿的家伙。这时候的蜱我们称之为蜱的幼虫。不过等几周后，这些幼虫经过几次蜕皮就会变成八条腿的若虫。此时的蜱看上去跟成年蜱没什么两样，但是它们的生殖系统还没有发育完全，个头也要小一些。再过几周，这些若虫蜕皮变成完全成熟的成虫。一般来说雄性蜱个头比雌性要小一些。

　　它的小兄弟——螨，因为和人类接触密切而更为人所知。跟螨虫一样，已知的 800 多种蜱也大都是小不点，最大的也不过一厘米左右的体长。加上它并不会飞，也不会主动往人家里凑，所以尽管蜱的分布极广，却一直鲜为人知。

其实在病原生物学家眼里，蜱绝对是个重要的狠角色，它在很多疾病的流行过程中起着很大的作用，在它传播疾病的种类和广泛性方面，甚至只有蚊子可以赢它一头。虽然跟被蚊子叮了一样，大部分情况下被蜱叮咬并不会产生什么严重的后果，但是一旦不幸中招，你可能遭遇：莱姆病、斑疹热、Q 热、森林脑炎、出血热、巴贝斯虫病、泰勒虫病、落基山斑疹热等 81 种病毒性、31 种细菌性和 32 种原虫性疾病。另外，被蜱叮咬后最常见的健康问题是皮肤感染，因为蜱吸血的口器很复杂，上面长着倒刺，一旦不恰当的拔除正在吸血的蜱，很可能让它的口器折断在皮肤里。另外一种被媒体渲染，但是却十分罕见的情况是蜱瘫，只有短时间内被大量蜱叮咬，蜱唾液里的毒素才有可能造成这种情况。

"布尼亚病毒" 不可怕

　　对于大部分医生来说，接触蜱以及蜱传病的机会并不多，但这并不意味着它们很神秘。事实上，任何一本大学医学寄生虫学和微生物学教科书都会提到蜱和几种常见的蜱传病，而且这些蜱传病如果诊断准确及时，大都可以有很好的治疗手段。2010 年河南、湖北、安徽和山东曾发生数起致人死亡的蜱叮咬事件，经过一番很艰难的研究，罪魁祸首最终锁定为一种新型布尼亚病毒，而由这种病毒导致的疾病被暂时定名为发热伴血小板减少综合征。卫生部随即在 2010 年的 9 月 29 日印发了《发热伴血小板减少综合征防治指南（2010 版）》。

根据这个指南的介绍，这种疾病的典型特征是 38 摄氏度以上，甚至高达 40 摄氏度的高热，伴有乏力、头痛、肌肉酸痛和腹泻。虽然目前还没有有针对性的治疗方案，但是对症治疗后绝大多数患者仍然可以完全康复。目前尚未发现这种病有人传人的病例。

被叮之后别乱拽

　　当身边出现了蜱的踪迹，我们该怎么办呢？

　　首先应该避免在树林和草丛中久留，如果你是农业工作者或者野外工作者，进入蜱区的时候应该做好个人防护。戴帽子、穿长裤长衣、把裤腿扎进袜子或者靴筒里。如果可能的话，用一些含有避蚊胺 DEET 的驱蚊水喷洒在衣服和暴露的皮肤上（不建议给两岁以下幼儿使用避蚊胺），你可以在任何一家大超市买到这种驱蚊水。如果不是必须，建议你穿着浅色的衣物。并不是说浅色不招蜱，而是一旦有蜱落到衣物上可以更容易的发现。

　　当从可能有蜱出没的地方回家后，先检查一下你的宠物身上是否有蜱，因为它们比人更可能遭到蜱的叮咬。洗澡的时候特别注意自己的头皮、耳后、颈部、腋窝、腘部、手腕、腹股沟这些有皮肤褶皱的地方，是否有蜱在叮咬。因为蜱的唾液里的一些成分可以让你感觉不到疼痛。研究发现，蜱携带的那些有害微生物大多是在蜱叮咬在人身上超过 24 小时后传播给人的，如果在 24 小时内及时去除身上的蜱，可以极大地降低感染蜱传病的机会。

　　一旦发现了叮在身上的蜱，切不可捏、拽、用火或者其他东西刺激它，因为这样做一来可能让蜱的口器折断在皮肤里；二来会刺激蜱分泌更多携带病原体的唾液，增加感染的可能性（卫生部发布的《蜱防治知识宣传要点》中提到可用酒精或者烟头刺激叮咬的蜱使其退出皮肤。但是美国疾病预防与控制中心却不建议这样做）。你要做的是找一把尖头镊子，尽可能靠近皮肤夹住它的口器，然后将它拔出来，不要左右摇动，以免口器断裂。拔出蜱后，用酒精或者肥皂水清洗伤口和手。如果可能，拔下来的蜱不要扔掉，可以把它放进一个密封的塑料袋或者瓶子冻进冰箱。这样一旦日后不幸出现了蜱传病的症状，它会帮助医生更容易找到发病的原因。

如何控制蜱带来的疾病？首先我们要明白的是，蜱只是一个传播媒介，在发生了人感染蜱传病的地方，一定还有其他的动物体内携带了相关的病原体，虽然它们可能并不会发病。由于蜱并不挑剔，它的寄主可能多种多样，老鼠、野鸟、家禽家畜以及宠物都可能是蜱传病的源头。在积极治疗人的疾病的同时要做好相关宿主的调查和病原体控制。其次一旦出现了蜱的爆发，应该在绿化带和居民区之间建立隔离带，像在火灾时建立防火带一样，清除其中的杂草树木，切断蜱向居民区传播的路径。使用化学杀虫剂也是快速有效的方法，同时，科学家们也早就展开了生物防治的研究，一些以虫制虫的方法已经经过了实践的检验。

不过，可以肯定的是，蜱既不会钻进身体里，也不会在人身上产卵，即便被它叮咬，患病的概率也不会比因为蚊子叮咬而患病的几率大多少，它并没有传说中的那么可怕。

过年放生真
的是积德吗？

瘦驼

　　许多地方都有过年时放生的习俗，以求来年吉祥安康。然而，轻率、缺乏科学指导的"放生"行为，却往往会导致"杀生"的悲剧。也许我们应该认真考虑一下放生这种习俗的合理性了。

有时候，你必须祈祷自己别碰上一个混账塞博坦星人：邪恶霸天虎占领了地球，把人类掳去塞博坦星做了宠物；后来善良的汽车人打败霸天虎，人类得到了解放。汽车人决定送人类回家。然而当你满心欢喜地走进回家的飞船，"哐当"一声舱门关闭，你却突然发现飞船目的地赫然写着"火星"！你扭曲的脸贴在舱门上，绝望地高喊："你这个混球！搞错啦！"一脸憨相的汽车人却笑着对同伴说："看这些可怜的小火星人，还不舍得我们呢。"然后飞船发射，永不回头……

这个故事看起来有点无厘头，但某些时候只有把自己想象为被放生的动物，才能更深刻理解很多放生行为的不靠谱之处。

2009 年 6 月，第二届广东休渔放生节上，志愿者和爱心人士将许多小鱼小虾"小海龟"放生大海，其中一只不愿下水的"小海龟"被工作人员奋力掷进了南海。这一幕被媒体记者拍下并温馨地登上了报纸。可惜，这位善意的工作人员一定不知道，他把一只陆龟淹死在了海里。照片上那只对人类"恋恋不舍"的小龟赫然长着四条柱子一样的腿——经鉴定，那是一只原产于云南、广西的缅甸陆龟（*Indotestudo elongata*），国家二级保护动物，被世界自然保护联盟列为濒危物种。这只小家伙很可能是通过宠物交易渠道来到广东的。别说它不能下海，即便是在淡水里也无法生存。

"放生"作为一种信仰，被受佛教影响的东亚国家广泛接受，而在西方，它只是野生动物复健（wildlife rehabilitation）的最后一个环节。所谓野生动物复健，是指为受伤、遭遗弃或者其他需要帮助的野生动物提供救护、安置、喂养，最终使其返回自然的活动。尽管考证起来，我们 1000 年前就有陈玄奘放生红鲤鱼，而西方的动物复健仅仅伴随着环保主义起源自20世纪70年代初，但短短40年来，动物复健已经发展成为了一个严谨、科学、有序的高度专业化的社会行为。在许多国家，单凭热情是不能成为野生动物复健员（wildlife rehabilitator）的，尽管这往往只是一个志愿工作，却照样需要持证上岗。

国际野生动物复健理事会（International Wildlife Rehabilitation Council）和美国国家野生动物复健员协会（National Wildlife Rehabilitator Association）共同制订的《野生动物复健简化标准》（Minimum Standards for Wildlife Rehabilitation）中的野生动物复健的标准化程序如下：

第一步是动物的收治。复健员要记录目击者发现需要救助动物的现场情况，记录包括物种、发现地点时间等原始信息，并向目击者提供基本知识。陆龟被扔进海里的悲惨事件本应在这个步骤就被拦截。

第二步是稳定动物状况。当需要救治的野生动物被转移到笼舍，立即对其进行评估，为动物提供安静、温度适宜的环境，对情况危急的动物提供急救并准备接下来检查所用到的器材。

在这一步骤里，我们常犯的错误包括：

（1）不恰当地带走雏鸟和幼兽。这些小动物往往并不是看上去那样被遗弃了，它们的父母可能只是为了躲避你而藏在不远处。

（2）盲目给动物投食喂水。在没有确定动物食性和健康状况的前提下，这样对动物是一种伤害。

（3）过分亲近动物。野生动物不是宠物，它们怕人，在人声鼎沸的环境下会极度惊恐。即便不是这样，如果让野生动物对人类产生依赖，也不利于日后的放归。另外，过分的亲昵可能会导致包括禽流感在内的人畜共患传染病的传播。

第三步是初步检查。为动物称量体重、体温，检查视力、四肢和口腔，评估动物的营养状况。

第四步是初步治疗。包括清创、骨折固定、补液、提供药物和营养支持。

第五步是康复治疗。在一个尽量没有人类影响的舒适环境里为动物提供持续的营养和医疗支持，不间断监控动物状况，必要时为动物提供理疗。

第六步，放归前训练。在这个阶段，要为动物提供室外的足够大的活动空间，依照不同的物种让动物进行运动。

接下来是放归评估。观察动物运动能力是否良好，体重是否达到了平均水平，有否合适的放归地点。更重要的是观察动物能否自主觅食并且对人类有足够的警惕——这些回归自然的动物遇到的下一个人即便是好心肠的，也难保不办坏事。

最后才是放归野外。我们在媒体上最常见到的放归场景，是成筐成袋的各种动物被带到一个山清水秀的地方一放了之，场面很壮观，却是一个极大的错误。

放归地点的选择很有讲究，对于野外捕获地点确切的野生动物，放归时尽量接近原处。有研究表明，将爬行和两栖动物放回原生地方圆一千米之内才能保证其日后的存活。对那些不能确定来源的野生动物，比如开头那只可怜的缅甸陆龟，要尽量放回接近其生境的地方。还要注意避免放归在公路附近，以免被过往的车辆伤害。

除了地点，放归的时间也很讲究，冬天不是放归蛇、龟等变温动物的好时候。对于收治的候鸟，问题要更复杂些，如果康复时已经过了迁徙季节，最好将其放归到它的迁飞目的地附近。

再如某些特殊物种，像红耳龟，也就是所谓的巴西彩龟，还是让它终老鱼缸里吧，这种强悍的水龟已经在许多地方造成了生态入侵。

尽管目前我国野生动物救助复健机构相当稀少，但当你遇到相关情况时，最好还是求助于专业机构，别把"放生"变成"杀生"。

鼻子朝天的金丝猴，下雨的时候怎么办？它们真的得把头埋在膝盖之间才能避免进水吗？

　　一支国际科考队在缅甸东北部发现了金丝猴家族的新成员，这一激动人心的新发现刊载于 2010 年 10 月 27 日的《美国灵长类学杂志》（*American Journal of Primatology*）上。

　　这种猴子的学名叫做 *Rhinopithecus strykeri*，它同金丝猴一起在生物分类学上被归为同一个属，因为它们都具有仰面朝天的鼻孔，因此叫做仰鼻猴属（*Rhinopithecus*，拉丁文 *Rhino* 就是鼻子的意思）。缅甸当地两个民族的语言里，也都称这个物种为"长着朝天鼻的猴子"。与另外四位金丝猴"表亲"[即川金丝猴（*Rhinopithecus roxellana*）、滇金丝猴（*R. bieti*）、黔金丝猴（*R. brelichi*）以及越南金丝猴（*R. avunculus*）] 不同的是，这个新成员全身的毛发大多是黑色，似乎称之为"黑丝猴"更为合宜。不过，为了正式一点，我们还是姑且叫它缅甸金丝猴。

　　根据初步考察与缅甸金丝猴的 5 次邂逅和对当地人的采访，科学家们总结出它生活在 1720~3190 米海拔范围的山区，夏天它们在海拔较高的混交林或更高处的针叶林活动，而冬天也许是由于积雪的影响，它们会从高山上下来，到靠近村落的地方活动。由于地理上的屏障，这个物种过去一直没有被外界所知。即使是在科学家们采访的当地 33 个村落中，也有 8 个村落似乎不知道这种猴子的存在。

被发现在猎枪下时，它们已经极度濒危

已知的缅甸金丝猴种群数量非常少，只剩 260~330 只，分布在约 270 平方公里的范围内。而根据考察队员对猎户的访问，在 2009 年里就有至少 13 只被猎杀。

按照世界自然保护联盟的定义，三个世代之内数量会下降80% 的物种就属于极度濒危。虽然我们对缅甸金丝猴所知甚少，但以其他金丝猴来推断，它的一个世代至少是 6 年。假如缅甸金丝猴的出生率与自然死亡率持平（实际的情况或许更糟），按每年 13 只的速度猎杀下去，18 年后这个物种至少会减少 234 只，超过目前保守估计的 260 只的种群数量的 80%。并且考察队员们推测，未来缅甸金丝猴的生存状况还会越来越严峻，威胁主要来自日益严重的偷猎和生境的破坏，因此可以认为这个物种极度濒危。

朝天鼻就一定怕下雨？

有趣的是，当地人认为这种猴子其实并不难发现，尤其是在雨天。"你可以听到它们打喷嚏，因为雨水进了它们的鼻子里。"甚至有人说，这种猴子会在雨天把头埋在膝盖之间坐着以避免鼻子进水。

金丝猴们都具有朝天鼻这个可怜的特征（要不怎么会被称作仰鼻猴属），难道它们的生活真的如此不幸么？

"当地人都是这样说的，其实事实并非如此。"从 20 世纪 80 年代就开始研究滇金丝猴的中国灵长动物专家龙勇诚老师说，"我多次在雨／雪中观察滇金丝猴，均未发现如此情况。大家可以想想：这些猴子所居住的地方降水有时会连续一周以上，若它们雨天就老是把头埋在膝盖之间，如何觅食？难道只有等死？"

龙老师还说："关于金丝猴下雨打喷嚏之事，我认为这只是个传说。也许金丝猴是靠头上的毛拦挡雨水流入鼻腔的，而且它们的前额也比较突出，其上毛也较多。此外，金丝猴在下大雨时也还是会在浓密的树冠之下暂时躲避。"

或许中国也有此物种？

令人兴奋的是，这一濒危的新物种或许不只是分布在缅甸，龙老师认为它们也有可能分布在中国："我认为，滇西北的碧罗雪山和高黎贡山也有可能存在这一物种，值得进一步调查。其实，我在 1988 年进行滇金丝猴调查时在云龙县的表村乡和兰坪县的兔峨乡（均属碧罗雪山范围）也都听说过此类猴子。但当时我实在无力顾及，且迄今为止一直未能得到标本，这才未能有所突破。"

但龙老师补充道："但这一地区极为偏僻，其原始森林总面积达近万平方公里，是中国原始森林最集中的地区之一，单凭个人或某一机构的力量，难以承担如此艰巨的野外调查任务，需要国家统一组织实施方能奏效。可是，这一地区具有全球生物多样性保护的战略意义，完全值得我们为之付出更大努力。"

如果我们大家都去给这样的物种多一些的关注，情况也许会更加乐观。那样的话，我们将有机会更加了解那些高山深谷间神秘的原始森林，并且更科学地保护它们——我们国土上为数不多的伊甸园。

　　谈到吐血的鸟儿，"杜鹃啼血"恐怕就是一个典型了，不过，大多数人想必都清楚，这只是文人骚客表达哀怨之情罢了。那么，传说中的"血燕"，即由金丝燕在筑巢时呕心沥血，吐出带血的唾液完成的燕窝，到底是真的还是跟杜鹃的故事一样，只是个比喻？

要弄清楚"血燕"，先得知道燕窝是怎么一回事。燕窝是金丝燕以唾液黏合数量不等的羽毛、草茎等材料凝结而筑成的巢，能营造可食燕窝的金丝燕有好几种，其中主要是爪哇金丝燕（主要分布在亚洲热带地区）。根据采摘地点的不同，燕窝分为洞燕和屋燕，采集于天然山洞中的野生金丝燕所筑的巢便是洞燕，而在人工搭建的燕屋中筑巢的金丝燕则出产屋燕。根据不同的色泽，燕窝还可分为白燕、黄燕和红燕，其中红燕就是所谓的"血燕"。

金丝燕平时悬挂在洞壁或燕屋的木板上休息，筑巢是为了产卵和育雏。在产业化的燕屋中，为了确保金丝燕的健康和燕窝的品质，燕窝都得等小鸟成长失去功能后，才会被采集。但栖息在洞穴中的野生金丝燕则得不到这样的优待，往往鸟儿还没来得及产卵，刚筑成的燕窝就被人们采摘走了。第一次筑巢时，金丝燕时间充裕、身体健壮，燕窝基本全由唾液组成，质地最纯净，这样的燕窝古时被称为"官燕"，用来进贡。为了完成传宗接代的使命，苦命的鸟儿不得不再次筑巢，但繁殖季节在即，大量唾液也被消耗掉了，鸟儿便用许多羽毛或草茎作为材料，以唾液黏合起来筑巢，这样的燕窝被称为"毛燕"和"草燕"。

传说中，当金丝燕两次被连窝端后，第三次筑巢时会因体力消耗过度，连血也吐了出来，这种带血的唾液筑成的巢就是血燕。这类传言认为，血燕是金丝燕竭尽生命呕心沥血而成，所以营养价值特别高。

但到目前为止，没有任何证据能证实燕子吐血的说法。马来西亚农业部副部长蔡智勇和燕窝商联合会秘书马瑞来直言，没有燕子吐血这回事，筑窝吐出血丝的"血燕"是商家为了获取更高利润而制造的噱头。事实上，无论第多少次筑巢，屋燕都是白色的，而真正可能形成红色燕窝的天然"血燕"只存在于洞燕中。而且，金丝燕既然懂得用羽毛、草茎作为建筑材料，苛待自己吐血筑巢又是何苦来呢？

"血燕"的红色从何而来？

极少部分能称得上是"血燕"的燕窝虽然色泽为红色，但其中并不含有血液成分，现在，业界普遍认为这种色泽是洞壁的矿物渗入普通白色燕窝中形成的。

关于"血燕"的成因，曾经有人提出特定品种的金丝燕能筑出红色的巢，也有人认为这是饮食等外界因素导致金丝燕唾液发红，但学者通过 DNA 检测否定了品种说，而燕窝颜色只与巢在洞穴中的位置有关，则推翻了饮食说。据攀爬过燕窝山的人介绍，山洞外围的巢都是珍珠白色的，越往里面走，岩壁上的燕巢开始是珍珠黄色、橘黄色（黄燕），然后抵达最深、最闷热的洞腹里，才看到"血燕"。

对燕窝的氮及氨基酸含量分析显示，不同产地的燕窝在氨基酸、蛋白质等方面成分差异较小，而在各种矿物质含量方面差异很大，也说明岩洞的矿物成分能渗入燕窝中。目前，呈现天然红色的"血燕"只有泰国等少数产地出产，推测是因为只有这些产地的洞穴中的岩石含有较多可溶于水的特定矿物成分。同时，在空气较为干燥、流通的洞穴外围也不利于产生化学反应。只有在潮湿闷热的洞穴深处，矿物质渗入白色燕窝中，又经过氧化等化学过程，才形成铁锈红色的天然"血燕"。

"血燕"，危险！

虽然"血燕"与"吐血"无关，但市售"血燕"的真相却能让人吐血。

在 2011 年 8 月的浙江省血燕产品专项清查行动中，抽检发现血燕产品亚硝酸盐含量普遍超标，问题血燕主要来源于马来西亚，一些经销商承认市售"血燕"其实是白燕窝熏制或染色后制成的，加工过程中使用了大量亚硝酸盐。

而中华燕窝行业公会秘书长官茂智表示，真正的"血燕"不是完全没有，而是非常稀少。市面上红色均匀的血燕，百分百为人工产品，"这个加工行为已经存在十年左右"。据马来西亚燕窝商联合会主席马兴松披露，不良商家偷偷以燕子粪便，将廉价燕窝熏至血红色，当成血燕出售牟取暴利。

在一些燕窝出产地区，由于对燕窝的采摘不加节制，野生金丝燕还遭遇严峻的生存危机，而目前部分品种的金丝燕如关岛金丝燕（*Aerodramus bartschi*）等都已经处于濒危状态。印度科学家曾在 20 世纪末对燕窝产地安达曼 - 尼科巴群岛进行实地考察，结果显示，当地金丝燕数量在 10 年间下降了 80% 以上。而在我国海南的万宁大洲岛，2002 年仅采摘到 2 个燕窝，因此 2003 年开始了为期 3 年的禁采，但三年后金丝燕种群的数量恢复并不明显，据观察，此地的金丝燕只有 15 只左右。

　　可见，金丝燕虽然不会真的去吐血筑巢，但却有可能死于人类的掠夺，若不加以管控，"血燕"一词，恐怕会更像是大自然泣血的控诉。

作者介绍

among	自然铁粉
DRY	动物学博士，渔业研究人员
famorby	动物遗传学硕士
Greenan	中国科学院动物研究所动物生态学博士
heyyeti	鸟类生态学硕士
Le Tournesol	海洋生物学博士，海洋甲壳动物研究人员
linki	海洋生物学硕士
poguy	地球与环境科学博士生，科学松鼠会成员
Tatsuya	野性中国工作室物种项目负责人
YZ	加州大学伯克利分校生物学博士生
本子	北京大学系统与进化植物学博士
吼海雕	环境科学与工程专业
花落成蚀	果壳网主题站编辑
沙漠豪猪	植物学硕士，高中生物教师
瘦驼	科普作家，科学松鼠会成员
水军总啼嘟	环境流体力学博士生，科学松鼠会成员
桃之	瑞典林奈大学生态学硕士
无穷小亮	中国农业大学农业昆虫与害虫防治专业硕士
鹰之舞	瑞典乌普萨拉大学生态学硕士生
紫鹬	华盛顿大学植物生态学博士生

注：本书所有文章的参考资料，可以在果壳网（guokr.com）根据作者和文章名查找。